Edgar K. Geffroy

Triumph des Individuums

Edgar K. Geffroy

Triumph des Individuums

Innovative Kundenstrategien
für die kommende Geschäftswelt

REDLINE | VERLAG

Bibliografische Information der Deutschen Nationalbibliothek:
Die Deutsche Nationalbibliothek verzeichnet diese Publikation in der Deutschen National-
bibliografie; detaillierte bibliografische Daten sind im Internet über **http://d-nb.de** abrufbar.

Für Fragen und Anregungen:
geffroy@redline-verlag.de

1. Auflage 2013

© 2013 by Redline Verlag, ein Imprint der Münchner Verlagsgruppe GmbH,
Nymphenburger Straße 86
D-80636 München
Tel.: 089 651285-0
Fax: 089 652096

Redaktion: Geffroy GmbH, Düsseldorf
Umschlaggestaltung: Radoslaw Krawczyk
Druck: CPI – Ebner & Spiegel, Ulm
Printed in Germany

ISBN Print 978-3-86881-491-0

Weitere Informationen zum Verlag finden sie unter

www.redline-verlag.de
Beachten Sie auch unsere weiteren Imprints unter
www.muenchner-verlagsgruppe.de

Begrüßungsvideo

Inhaltsverzeichnis

Vorwort

Stehen wir jetzt an einem neuen Wendepunkt der Kundenorientierung?

Ich spreche gerade mit einem meiner Firmenkunden über seine neue Herausforderung. Jahrelang hatte er mit seiner 3.000-Mann-Firma sehr erfolgreich seine Produkte angeboten. Die Geschäfte liefen gut, und das Wachstum war konstant. Doch innerhalb von zwölf Monaten rutschte das Unternehmen ins Minus. Es scheint immer weniger eine Existenzberechtigung zu haben, weil die Kunden auf einmal keine Produkte mehr von der Stange haben wollen. Für meinen Firmenkunden war das eine ungewohnte Situation. Immerhin galt sein Unternehmen in der Branche als feste Größe, als eine Marke, auf die sich die Kunden verlassen konnten. Doch das war einmal. Ich frage ihn: „Was glauben Sie im Nachhinein war der Fehler, der das Unternehmen so schnell in die roten Zahlen schliddern ließ?" „Wir haben eine dramatische Veränderung im Markt zu spät erkannt!", antwortet er. „Wir sind immer von unseren Produkten ausgegangen. Das ist heute unser Genickbruch! Wir hätten stattdessen viel früher lösungsorientiert arbeiten müssen. Mit den Augen des Kunden! Dann könnten wir uns heute bereits auf die nächste Phase vorbereiten: den individuellen Kunden zu gewinnen."

Das war die Aufgabe. Darauf aufbauend haben wir Mitarbeiter und Partner gefragt, die Chancen verglichen, Kundenideen hinterfragt und aus den Erkenntnissen heraus eine innovative Kundenstrategie entwickelt, die ihn für die kommende Geschäftswelt wappnet.

Wir sind überzeugt: Mit dem Turn-Around und dem Prinzip „Mit den Augen des Kunden" wird das Unternehmen neu durchstarten. Wir betreten eine neue Phase der Kundenorientierung. Ich nenne sie den Triumph des Individuums. Es ist die Neuentdeckung des heutigen Kunden. Der Kunde erwartet heute einzigartige und individuelle Lösungen für seine Probleme. Er will nichts mehr von der Stange. Ursache für diese Entwicklung sind die neuen Technologien, die den Kunden noch mächtiger machen als zuvor. Unternehmen, die sich nicht anpassen, werden morgen auf dem Markt nicht mehr existieren.

Jeder von Ihnen kennt sicherlich die Firma MyMüsli. In meinen Vorträgen antworten alle mit „Ja!" Doch welche Konsequenzen haben Sie mit Ihrem Unternehmen daraus gezogen? Die Mehrheit der Befragten weiß keine Antwort darauf. Dabei können Sie mit der richtigen Erkenntnis schon heute zum First Mover werden.

Das Buch zeigt anhand von sehr guten Firmenbeispielen, dass Unternehmen bereits erfolgreich mit dem neuen Kunden umgehen und ihr Geschäftsmodell des individuellen Kunden konsequent umsetzen. Zwei Beispiele – Apple und das Essener Unternehmen ZiC'nZaC – sind von mir exemplarisch ausgewählt, weil sie aus unterschiedlichen Welten kommen, aber den einzigartigen Kunden vor allen anderen gesehen haben. Die beiden Unternehmen sind der rote Faden im Buch und beleuchten mehrere Kundenfaktoren, wie Kundenbeziehung, Kundenintegration und vieles mehr.

Als ich mit meinem Clienting-Konzept in den späten 90er Jahren den Kunden neu entdecken konnte, wurden die Spielregeln im Umgang mit ihm radikal anders definiert. Jetzt ändert sich noch einmal alles in der kommenden Geschäftswelt.

Sehen Sie, wie Sie sich heute mit Ihrem Unternehmen ausrichten müssen, damit die Kunden zu Ihnen kommen und bei Ihnen bleiben. Gerne und begeistert. Rund 80 Firmenbeispiele belegen die neue Kundenära, den Triumph des Individuums. Wir stehen erst ganz am Anfang.

Legen Sie los! Fangen Sie an! Viel Erfolg!

Ihr Edgar K. Geffroy

www.geffroy.com

Kapitel 1
Die neue Herausforderung
Warum sich die Wirtschaft ändert

„Wir sind deshalb so gut, weil die anderen so schlecht sind." Ich schaute meinem Freund, den ich längere Zeit nicht gesehen hatte, in die Augen und fragte etwas ungläubig nach: „Ist es wirklich so einfach, eine Eventlocation mit 180 Veranstaltungen pro Jahr auszulasten?" Er lachte zuerst über meine skeptische Reaktion und holte etwas weiter aus. Seit fünf Jahren mietet er eine Location, in der er ursprünglich ein eigenes Musical veranstalten wollte. Als sich die Idee einige Zeit nicht so entwickelte wie geplant, tauchte der erste Kunde mit einer konstruktiven Idee auf: „Bis alles andere läuft, kann man doch die Location für Events nutzen." Das erste Event schlug sofort wie eine Bombe ein, erzählte mir mein Freund ganz stolz, der seine Freude gar nicht mehr zu verbergen wusste. Hunderte weitere Events folgten. Ich bohrte weiter nach, auf der Suche nach dem Erfolgsgeheimnis seiner Geschäftsidee.

Ohne lange nachzudenken, verriet er mir: „Wir behandeln jeden Kunden individuell und wir bereiten uns sehr detailliert auf den ersten Kundentermin vor. Wir recherchieren im Internet, um so viel wie möglich über den Kunden herauszukriegen. Wir bauen Puzzle zusammen und überlegen, was nur bei unserem Kunden einmalig funktioniert. Für mich ist kein Event gleich. Jedes ist einzigartig. Beim ersten Termin in der Location sieht der Kunde auf dem Bildschirm überproportional sein Firmenemblem." Mit jeder Antwort hakte ich weiter nach, um herauszufinden, wie konkret seine Geschäftsidee ist.

Er nannte mir sofort ein Beispiel: Die Farben seiner Location sind in Rot, Gelb und Schwarz gehalten. Darauf ist alles ausgerichtet. Eine der größten Wirtschaftsprüfungsgesellschaften der Welt, die sich für sein Angebot interessierte, konnte sich jedoch mit diesen Farben nicht identifizieren. Denn ihr Firmenlogo war unter anderem in Gelb und Grün gehalten. Deshalb winkte die Event-Managerin des Unternehmens sofort ab, als sie von den Farben der Location erfuhr. Trotzdem konnten mein Freund und sein Team die kritische Kundin davon überzeugen, sich die Location wenigstens vor Ort anzusehen. Als sie aus dem Taxi stieg, blickte sie statt auf einen roten Teppich auf einen gelben, der direkt ausgerollt vor dem Eingang lag. In der Location konnte sie nicht nur ihr Logo auf dem Bildschirm sehen, sondern deutlich erkennbar die Farben ihres eigenen Unternehmens. Wohlgemerkt schon beim ersten Vorgespräch. Der Rest war eigentlich nur noch die Erfolgsgeschichte. Die Kosten für den neuen Teppich lagen bei rund 1.000 Euro. Doch der Auftrag hatte dieses Risiko absolut gerechtfertigt. Mittlerweile existiert zwischen der Wirtschaftsprüfungsgesellschaft und dem Unternehmen meines Freundes eine dauerhafte Kundenbeziehung.

Geht das aber wirklich so einfach? Wenn der Wettbewerb es zulässt und die Kunden dadurch völlig neue Perspektiven bekommen: ja! Wir steigen jetzt in die nächste Phase der Kundenorientierung ein. Ein Weg, der in den 90er Jahren mit Clienting begonnen hat, geht jetzt in die nächste entscheidende Phase über: der Triumph des Individuums. Der einzelne Kunde, der sich als einzigartig sieht und einzigartige Lösungen erwartet, kauft keine Massenprodukte mehr.

Die Entdeckung des Individuums erreicht jetzt eine völlig neue Dimension. Natürlich haben Unternehmen schon früher erkannt, dass der Kunde individuell behandelt werden will. Doch die technologischen Möglichkeiten existierten einfach noch nicht, dass Unternehmen auf den Kunden individuell eingehen konnten. In Europa entdeckte man in den Sechzigern, dass die Individualität und der Konsum unmittelbar zusammenhingen. Allerdings beschränkte sich diese Möglichkeit nur auf alternative Gruppen, deren Mitglieder zur Rock-'n'-Roll-Szene oder zu den Hippies gehörten. Dreißig Jahre später nahm dieser Trend durch die neuen Technologien zu, und die Menschen konnten zum ersten Mal aus den Angeboten der Versandhäuser und Supermärkte ihren persönlichen Lifestyle zusammenstellen. Die Idee: Individualität aus dem Katalog. Seit den 90ern haben sich die Möglichkeiten noch einmal um 180 Grad gewendet: Durch das Internet werden die Menschen immer unabhängiger. Sie treten nicht mehr zwangsläufig einer Gruppe bei, um zu zeigen, dass sie mit ihrer Ideologie individuell sind. Schon heute lässt sich beobachten, dass immer mehr Menschen aus der Kirche austreten und Parteien wie auch Gewerkschaften stetige Rückgänge verzeichnen. Nicht umsonst interessieren sich nur noch wenige Menschen für den Gottesdienst am Sonntag. Zwar setzen sich die Menschen nach wie vor für gemeinsame Ziele wie für die Einhaltung der Menschenrechte ein, aber meist nur, wenn sich eine Idee kurzfristig realisieren lässt. Die dadurch eingesparte Zeit wollen die Menschen stattdessen in eigene Projekte investieren.

Für Unternehmen ergibt sich aus dem Wunsch der Kunden, individuell zu sein, ein gigantisches Wachstumspotenzial. Durch das Internet gewinnt der einzelne Kunde, aber auch der Mensch, eine ganz neue Bedeutung. Mit wenig Aufwand können Unternehmen die Bedürfnisse ihrer Kunden individuell erkennen. Denkende Software erledigt die Arbeit automatisch, schnell und so systematisch, dass Unternehmen ohne großen Aufwand den Kunden personalisiert behandeln können. Die Informationen über den Kunden bleiben dank neuester Technologie stets aktuell. Darum bin ich überzeugt davon: Zukünftig werden Firmen ihre Kunden nicht mehr mit Produkten belästigen, die sie überhaupt nicht interessieren.

Viele Unternehmen haben mittlerweile sehr gut gelernt, dass der Kunde das Sagen hat. Sie setzen bewusst das Zauberwort „bitte" ein, um Kunden zu begeistern. Sie antworten mit „Bitte gerne!", „Danke!" oder „Selbstverständlich!" Außerdem haben sie gelernt, dass sie begeisterte Kunden brauchen und Kundenzufriedenheit ein zentraler Erfolgsschlüssel ist. Seit Erscheinung meines Buches „Das Einzige, was stört, ist der Kunde" ist sehr viel passiert. Die Firmen haben mittlerweile gelernt, mit dem Kunden ganz anders umzugehen.

Es geht aber heute draußen noch überwiegend anders zu. Wir müssen jetzt zum zweiten Mal den Kunden neu entdecken. Vieles läuft nach wie vor nicht optimal. Wie oft haben Sie das Gefühl gehabt, dass es aufgesetzt oder auswendig gelernt wirkt? Oder noch schlimmer, wie es mir neulich passiert ist, als ich mit meiner Familie Urlaub auf Mallorca machte. Wir übernachteten in einem Hotel, in dem wir seit Jahren Stammkunden sind. Wenn man genauer hinschaute, konnte man einige Veränderungen feststellen: Das Personal war zwar überwiegend freundlich, aber offensichtlich war das Hotel nicht mehr so ausgelastet wie früher. Und so passierte das, was man am schnellsten machen kann, um auf die ausbleibende Nachfrage zu reagieren. Man zieht die Kostenbremse und glaubt, dass die Sparmaßnahmen zumindest nicht auffallen. Früher erhielt der Kunde im Fitnessraum kostenloses Wasser, was ja durchaus Sinn macht. Doch dieses Angebot verschwand und wurde ersetzt gegen stilles Wasser an der Spa-Bar, das der Kunde für vier Euro kaufen konnte. Die Sauna indes wurde häufiger gar nicht mehr angeschaltet. Sie wurde oft für kaputt erklärt. Wer geht denn schließlich auch im Hochsommer in die Sauna? Der Unterschied ist aber: Als Kunde will ich selbst auswählen, wann ich in die Sauna gehe, und nicht die Entscheidung dem Hotel überlassen. Es gipfelte am Ende leider in der unfreundlichen Aussage eines Mitarbeiters im Spa-Bereich: „Ich stelle die Regeln nicht auf. Und hier im Hotel gibt es Regeln, die gelten nun mal für alle. Danach müssen sich auch die Hotelgäste richten." „Wirklich?", sinnierte ich enttäuscht und drehte mich um.

Das Hotel schließt zum ersten Mal im Winter für drei Monate seit der Inbetriebnahme vor zehn Jahren. Zufall oder der Beginn einer neuen Kundenära? Als Kunde weiß ich: Ich bin ich. Ich will entscheiden. Ich kann es, weil es vor allem genügend Alternativen gibt. Ich will nicht nur ein Stammkunde sein, der jeden Morgen die Zeitung "Die Welt" kriegt, nur weil ich es vor zehn Jahren einmal so gesagt hatte. Ich brauche auch nicht unbedingt ein Willkommensgetränk auf Kosten des Hauses. Ich möchte als Kunde vielmehr, dass man mehr auf mich und meine Familie eingeht.

Ich beobachte: Die Wirtschaft hat sich für den Menschen radikal gewandelt. Wir befinden uns im zweiten Jahrzehnt des neuen Jahrtausends, in dem neue Spielregeln herrschen. Heute ist fast alles im Überfluss vorhanden – und die Alternativen sind gigantisch. Im Grunde genommen haben wir schon alles, was wir brauchen. Viele Märkte sind längst gesättigt. Doch die neue Kundenära eröffnet neue Marktlücken, die für Unternehmen der entscheidende Wachstumsschlüssel sind.

Ich orientiere mich konsequent an den Wachstumsgesetzen des Geschäftserfolges. Damit sind die überproportionalen Wachstumschancen gemeint. Wann wachsen Unternehmen überproportional schneller als die Wettbewerber? Wenn es ihnen gelingt, den entscheidenden Wachstumsschlüssel vor der Konkurrenz zu erkennen, und ihn auch konsequent umsetzen. Apple hat es vorgemacht. Das hört sich alles so einfach an, dahinter steckt aber eine bis ins kleinste Detail ausgearbeitete Unternehmensstrategie.

Die Gefahr dabei ist: Wenn Sie die Wachstumsgesetze missverstehen, können Sie unbewusst auf ein falsches Pferd setzen. Zwei Beispiele, die mich geprägt haben, sollen zeigen, was ich damit meine. Die Strategie der Diversifikation, die im letzten Jahrhundert einige Firmen favorisiert haben, führte viele in den Ruin. Die gleiche Erfahrung machten viele, als sie sich blind auf die Globalisierungswelle einließen. Dabei stellten einige fest: Nicht für jedes Unternehmen eignet sich eine globale Strategie. Auch hier schlitterten viele in den

Bankrott. Doch was ist bei diesen Firmen schiefgelaufen, obwohl sie auf das vermeintlich richtige Pferd gesetzt hatten? Die Grundlage stimmte nicht.

Es geht um einen ganz anderen Ansatz: den Naturkonformen. Die Natur verhält sich immer ganzheitlich. Sie verschwendet keine Ressourcen und geht mit der Knappheit an Energie sinnvoll um. Beispielsweise findet ein Grashalm die Lücke zwischen zwei Steinen und kann wachsen. Bei Hindernissen sucht die Natur nach Lücken und ebnet sich so den Weg. Die Industrie kann die gleichen Prinzipien für sich nutzen. Ein Unternehmen entwickelt sich dann am besten weiter, wenn es den Engpass und die brennenden Probleme der Kunden vor allen anderen erkennt und Lösungen anbietet. Der Kunde ist dabei immer die Andockstation und die Konstante. Daraus ergibt sich der Schlüsselsatz: Die Konzentration auf die Welt des Kunden ist entscheidend.

Wir wissen, dass die Menschen ihre Vorstellungen, Werte und Ansprüche mit der Zeit immer wieder ändern. Häufig entsteht so für Unternehmen eine komplett neue Situation, an die sie sich schnell anpassen müssen, um zu überleben. Darwins Evolutionstheorie „Survival of the fittest" lässt sich gerade auf dieses Dilemma sehr gut übertragen. Oft sind diese Veränderungen am Anfang kaum erkennbar, wie die Neunziger des vergangenen Jahrhunderts es bewiesen hatten. Viele Unternehmen machten in dieser Dekade einen harten Lernprozess durch, nachdem sie plötzlich erkannt hatten, dass Kundenzufriedenheit vor Profit geht. Manche sind an dieser Herausforderung kläglich gescheitert, andere wiederum konnten sich positiv ins Rampenlicht stellen, weil sie das enorme Potenzial sofort erkannt hatten.

Der Technologie-Konzern Xerox führte damals als einer der Vorreiter das „one face to the customer"-Prinzip ein. Jeder Kunde bekam sofort einen direkten Ansprechpartner für seine Fragen und Probleme zugewiesen. Auf lange Sicht sollte so die Kundenzufriedenheit gesteigert werden. Außerdem wurde jeder Mitarbeiter dazu verpflichtet, jede Kundenanfrage in 48 Stunden bearbeitet zu haben. Im Grunde genommen war die Idee der Führungstage simpel: Die Entscheidungswege wurden verkürzt und die Bürokratie wurde extrem eingestampft.

Alles im Sinne des Kunden!

Heute haben Unternehmen daraus ihre Lehren gezogen und messen nun die Kundenzufriedenheit systematisch, um sich den Erwartungen der Käufer schnell anzupassen. Doch darin liegt aus meiner Sicht nach wie vor die größte Gefahrenquelle. Denn der zufriedene Kunde berichtet nur das, was er aus der Vergangenheit heraus kennt. Er kann aber nicht sehen und beurteilen, was er nicht kennt. Man hätte zum Beispiel den iPod und das iPad vorher nie gegoogelt. Was wäre, wenn man ein Marktforschungsinstitut damit beauftragt hätte, eine Umfrage mit folgendem Wortlaut durchzuführen: „Können Sie sich vorstellen, aus einem Gerät mit einem Drehrad in wenigen Sekunden aus 5.000 Songs Ihren Favoriten herauszusuchen? Würden Sie so etwas kaufen?" Die meisten Teilnehmer hätten gesagt: „Nein, danke! Ich nutze dafür bereits einen Walkman." Erinnern Sie sich noch an dieses Gerät, in dessen Laufwerk der Verbraucher elegant eine Kassette hineinschob und die Musik sofort abgespielt wurde?

Sie sehen: Kunden liefern meistens nicht die Lösung, sondern immer nur die Antwort darauf, was schön wäre, wenn es das gäbe. Dem Kunden fehlt jedoch eine konkrete Vorstellung davon, was möglich ist. Daraus ergibt sich aus meiner Sicht eine spannende Frage: Wie wachsen Sie mit Ihrem Unternehmen am besten? Mit Produkten und Dienstleistungen, die der Kunde braucht, von denen er aber noch nicht weiß, dass es diese Lösung von Ihnen gibt. Überproportionales Wachstum schafft man demnach, indem man eine Idee vorgreift, die bereits in der Luft liegt.

Das Gleiche erlebten wir schon in den Neunzigern, als man weltweit den vorhandenen Kunden neu entdeckt hatte. Verrückt, aber wahr! Der Kunde war ja eigentlich nicht neu. Man kannte ihn bereits. Aber man ging bisher nicht richtig mit ihm um. In dieser Ära machte das Wort „Servicewüste Deutschland" in der Wirtschaft und in den Medien die Runde. Die First Mover hatten weltweit einen Trend in Gang gesetzt, sodass jedes Unternehmen lernen musste, mit Kunden anders umzugehen. Vorausgesetzt, es wollte auf dem Markt überleben. Kritiker können jetzt argumentieren, dass das Andocken beim Kunden allein auch keine Garantie für mehr Wachstum sei. Immerhin gibt es mehrere Trends, die ineinander übergehen. Dazu zählen auch technische Trends. Besonders das Internet spielt hier eine ganz zentrale Rolle. Darum müssen wir auch unterscheiden zwischen dem Kunden, der sich außerhalb des Internets bewegt, und dem digitalen Kunden, der das Web nutzt.

Ich bin davon überzeugt, eines ändert sich bei all den Veränderungen nicht: Im Kern dreht es sich immer um den Menschen. Genauer gesagt: Es geht um den einzelnen (!) Menschen. Sowohl im Internet als auch außerhalb. Daraus lässt sich für Unternehmen folgende Formel ableiten: Unsere Konstante ist immer der Kunde. Heute bewegen wir uns bereits wieder in einer neuen Welt der Veränderung. Und genau in dieser neuen Kundenwelt stelle ich eine neue Wachstumslücke fest: den individuellen Kunden. Dieser Trend ist eingebettet in einen höheren Trend. Dem Entwicklungssprung hin zu einer individuellen Gesellschaft. Ich sehe darin einen Paradigmenwechsel, den wir bereits durchlaufen.

In den westlichen Ländern entwickeln wir uns immer mehr zu einer Gesellschaft, die dem Einzelnen eine Macht verleiht, wie es bisher nicht möglich war. Einzelne Menschen können heute so erfolgreich sein, wie früher es nur Firmen schafften. Der Einzelne kann heute in der Wissensgesellschaft mit seinem Know-how zu einem weltweit anerkannten Experten werden. Diese gewaltige Veränderung mache ich an mehreren Phänomenen fest, die wir auf unserem Planeten zunehmend beobachten können.

Wie schnell heute jeder mit seinem Wissen zur Marke aufsteigen kann, beweist die beeindruckende Erfolgsgeschichte von Felix Finkbeiner. Der heute 15-jährige Junge, geboren in München, steht auf Augenhöhe mit weltweit bekannten Persönlichkeiten, wie Leonardo DiCaprio, Al Gore oder Bono. Was hat Felix Finkbeiner gemacht? Im Alter von nur neun Jahren rief er die Umweltinitiative „Plant-for-the-Planet" ins Leben. Angefangen hatte alles 2007, als er in der Schule einen Vortrag über die Klimakrise halten sollte und während seiner Recherchen auf die Friedensnobelpreisträgerin Wangari Maathai stieß. Zusammen mit anderen Frauen hatte sie vor Jahren in Kenia 30 Millionen Bäume gepflanzt, um der Bodenerosion und der Entwaldung entgegenzuwirken. Wie elektrisiert griff Felix Finkbeiner diese Idee in seinem Referat auf und beendete es mit dem Aufruf: „Wir Kinder sollten in jedem Land der Erde eine Million Bäume pflanzen!" Seine Lehrerin ließen diese Worte seit dem Tag nicht mehr los, und so unterstützte sie ihn sofort dabei, seinen Vortrag auch in anderen Schulen zu halten. Bald darauf begannen ganze Menschengruppen, die ersten Baum-Pflanz-Aktionen umzusetzen. Seitdem wurden auf unserem Planeten bereits atemberaubende 12,6 Milliarden Bäume gepflanzt (Stand: September 2012). Ein einziger Mensch, dazu noch ein kleiner Junge, hat Mutter Erde für immer verändert. Und das in kürzester Zeit! Das ist das enorme Potenzial, das in der Wissensgesellschaft und in jedem Menschen steckt.

Auch aus dem anfangs unbekannten Gary Vaynerchuck wurde so ein Multimillionär. Der Sohn russischer Emigranten zog mit seiner Familie von Moskau nach New York. In der russischen Hauptstadt, und später in den USA, führten sie einen Weinladen mehr schlecht als recht. Als es mit dem Betrieb bergab ging, hatte Gary die goldene Idee. Da er nicht viel Geld hatte, nahm er 500 Dollar in die Hand und startete einen Video-Blog. Er ging jeden Tag konsequent auf Sendung und baute sich seine eigene Fan-Community auf. Seine Idee ging auf: Durch sein Expertenwissen, seine prägnante Art und vor allem seine unglaubliche Story verdiente er 2011 50 Millionen Dollar. Für seine Vorträge erhält er heute Gagen im fünfstelligen Bereich. Jedes Mal, wenn er die Bühne betritt, bedankt er sich und sagt: „Wir leben in der Thank you Economy." Niemals zuvor war es so einfach, als einzelner Mensch so erfolgreich zu sein wie heute.

Die Erfolgsstorys einzelner Menschen hören hier aber noch lange nicht auf: In der Wissensgesellschaft kann das Individuum auch kleine Erfolge feiern – und trotzdem ganz groß rauskommen. Bei Airbnb, einer Plattform für die Vermittlung privater Unterkünfte, kann jeder sein Zimmer, seine Wohnung oder sein Haus an andere Menschen vermieten. Das kann ein Baumhaus in Neuseeland sein, ein verwunschener Schiffsplatz in Japan oder eine edle Sommerhütte mit einem Swimmingpool in Australien. Je schräger und origineller, umso besser. In Köln gibt es einen Studenten, der mit dieser Idee im Monat je nach Auftragslage inzwischen bis zu 1.500 Euro verdient. Der Kölner hatte ganz klein angefangen. Für jede Nacht verlangte er zuerst 19 Euro. Anfangs kamen besonders viele junge Menschen und Pärchen zu ihm. Da er in der rheinischen Stadt einer der Ersten war, die Wohnung in der Stadtmitte liegt, und auch gute Rezensionen erhielt, landete er schon nach zwei Monaten auf Platz eins der privaten Unterkünfte in Köln. Doch der Student legt nach diesem überraschenden Boom erst richtig los. Er erkennt schnell die Chancen, die in diesem individuellen und privaten Geschäftsmodell stecken. Der Student überlegt sich jeden Tag, was er in seiner Unterkunft verbessern kann, um den Wert zu steigern. Ab sofort zieht der Student alles wie ein Privathotelier auf. Die Gäste finden in der Wohnung einen Kölner Stadtplan, Guides in mehreren Sprachen, Gummibärchen, ein Wasserbett, einen Flatscreen-Fernseher und sogar Apple TV. Mittlerweile hat er Stammkunden und verlangt pro Nacht bis zu 80 Euro. Je nachdem, ob Feiertage wie Ostermontag sind, nimmt er pro Übernachtung mehr als üblich. Immer angepasst an die aktuelle Marksituation. Die Quintessenz der Wissensgesellschaft wird auch hier wieder deutlich: Jeder einzelne Mensch kann hier triumphieren.

Einzelne Stars wie Gary Vaynerchuck gehören zu einer neuen Generation von Menschen, die ihr Leben selbst in die Hand nehmen. Wenn man bedenkt, dass in Deutschland 90 Prozent der Unternehmen weniger als eine Million Umsatz machen, müssen wir den Weinmillionär als einen Vorläufer einer neuen Generation von Self-made-Business-Menschen deuten. Er wusste die neuen Chancen der digitalen Welt für sich zu nutzen und gilt heute in den USA als ein Star. Sogar Fernsehsender laden ihn regelmäßig zu Talkshows ein.

Aber auch das ist nur ein Beispiel von vielen. Noch deutlicher hat es Mark Zuckerberg von Facebook vorgemacht, der sein Unternehmen an die Börse gebracht hat. Der Börsenerfolg lässt allerdings noch auf sich warten. Über eine Milliarde Menschen, wahrscheinlich einschließlich Ihnen und mir, nutzen die Plattform im Alltag. Dabei wurde Facebook erst 2004 gegründet. Soziale Netzwerke bieten dem einzelnen Menschen die Möglichkeit, sich selbst auszudrücken und dem Rest der Welt mitzuteilen: „Ich bin es!" Das war einfach vorher in dieser Form nicht möglich. Die Technik von heute liefert so erstmals die Voraussetzung, sich selbst zu verwirklichen.

Soziale Netzwerke beinhalten für jeden Einzelnen aber auch Nachteile. Wir leben heute in einer Welt, in der wir jeden Tag zu jeder Sekunde mit Werbung konfrontiert werden. „Holen Sie sich jetzt den leckeren Burger zum Aktionspreis für nur 3,99 Euro!" - „Greifen Sie jetzt zu, solange der Vorrat reicht!" - „Achtung! Spitzen Sie jetzt die Lauscher! Neuwagen zum Sonderpreis!", schallt es jede Minute aus allen Ecken. Im Radio, im Fernsehen, in der Zeitung und nun auch in den sozialen Medien. Es gibt für uns keinen einzigen werbefreien Ort mehr, in dem man nicht versucht, uns auf neue Angebote aufmerksam zu machen. Das Gleiche geschieht nun mit Facebook, allerdings auf der individuellen Ebene. Jeden Tag erfahren wir, welche Blumen unser Nachbar gerade im Garten pflanzt, wo unsere Freunde was trinken gehen und ob ein längst vergessener Freund seinen Beziehungsstatus geändert hat. Es gibt sicher die einen, die diese Informationsflut lieben, weil die Menschen gerne über andere reden. Andere wiederum, und so ergeht es auch mir, blenden die Selbstdarstellungs-Möglichkeit auf Facebook mittlerweile komplett aus. Sie wollen sich nur auf das konzentrieren, was sie wirklich interessiert. Attraktive Nachrichten sollen nicht mehr in den Weiten der Informationsflut verschwinden. Der personalisierte Newsfeed könnte dieses Dilemma entschärfen. Bereits heute ist diese Optimierung möglich. Hier werden noch weitere Entwicklungen folgen.

Als Alternative kann man sich auch bei Youtube verwirklichen. Auf der Seite des Video-Anbieters kann jeder einen eigenen Fernsehkanal kostenlos einrichten. Jeder kann auf Sendung gehen. Viele Menschen tun das bereits. Heute wird Youtube vier Milliarden Mal pro Tag aufgerufen. Außerdem zählt der Videokanal nach Google zur meistgenutzten Suchdatenbank. Ich bin davon überzeugt, es wird nur eine Frage der Zeit sein, dass Youtube Google als größte Suchmaschinenseite ablöst. Die Möglichkeiten hier sind jedenfalls faszinierend. Durch den Video-Kanal-Anbieter sind einige fast über Nacht zu Stars aufgestiegen.

Nehmen Sie zum Beispiel die kanadische Popmusik-Band „Walk off the earth", die mit dem Cover des Songs „Somebody that I used to know" in einer einzigen Nacht weltberühmt wurde. Die Band hatte schon davor mehrere Songs auf Youtube hochgeladen. Doch der Sänger Gianni wollte endlich mal eine außergewöhnliche Idee umsetzen und sie auf Youtube veröffentlichen. Er ließ alle fünf Band-Mitglieder an einer einzigen Gitarre spielen. Jeder musste seine Aufgabe erfüllen, während die Kamera starr auf sie gerichtet wurde: Gianni singt, zwei Leute zupfen am Gitarrenhals, Sarah steigt mit ihrer Sopranstimme mitten im Song ein. Ein weiteres Band-Mitglied indes sorgt für den Rhythmus. Um vier Uhr morgens lädt die Band das Video hoch. Schon nach vier Stunden wurde es so oft abgerufen, dass Youtube die Aufrufzahlen einfrieren musste, da hohe Besucherzahlen nur zeitversetzt ausgewiesen werden können. Geschätzte eine Million Besucher hatten sich das Video in kürzester Zeit angeschaut. Sogar einzelne Radiosender spielten das Lied in den Morgensendungen.

Um das Phänomen zu veranschaulichen, können Sie die Maslowsche Bedürfnispyramide zur Hand nehmen. Sicher sind Sie mit der Pyramide bestens vertraut, wenn Sie in der freien Wirtschaft tätig sind. Der US-amerikanische Psychologe ging davon aus, dass sich die Motive der Menschen hierarchisch zuordnen lassen. Zuerst will jeder Mensch seine Grundbedürfnisse wie Hunger, Durst und Schlafen stillen. Erst danach entwickelt er das Bedürfnis nach Sicherheit, indem er nach Ordnung und Gesetzen strebt. Hat er auch diese Bedürfnisse gestillt, sehnt er sich nach Anerkennung, Liebe und Wertschätzung. Erst auf der höchsten Stufe der Pyramide finden wir den Wunsch des Menschen, sich selbst zu verwirklichen. Mit einem Satz: Erst wenn der Mensch seine vorgelagerten Bedürfnisse gestillt hat, sucht er nach Möglichkeiten, sich mit seinen Ideen selbst zu verwirklichen. Viele Experten gehen davon aus, dass die höchste Stufe der Pyramide nur derjenige erreicht, der es sich auch finanziell leisten kann. Heute ist diese These aber überholt, weil nicht mehr ausschließlich die Besserverdiener das Privileg genießen, sich selbst entfalten zu können. So fragen sich beispielsweise zunehmend mehr Menschen: „Macht es Sinn, dass ich in dieser Firma arbeite?" „Macht es Sinn, dass ich nun diese Aufgabe für die Firma erfülle?" Immer mehr Mitarbeiter entscheiden selbst über ihre Karriere, nicht die Firma. Sie entscheiden mit dem neuen Zeitgeist selbst über ihr Leben. Die Fragen der Menschen gehen demnach noch viel weiter: „Macht es Sinn, dass ich das überhaupt tue? Oder beim Einkaufen: Macht es Sinn, dass ich das überhaupt kaufe, oder brauche ich es gar nicht?"

Die enormen Chancen, die die Mauern der Gesellschaft einreißen, werden zudem durch eine andere Entwicklung verstärkt. In der Politikwissenschaft beobachten Forscher schon seit den Siebzigern einen fundamentalen Wertewandel in Deutschland. Besonders die jungen Menschen haben sich von den alten deutschen Wertvorstellungen wie Ordnung, Pflicht und Gehorsam gelöst. Unmittelbar nach dem Zweiten Weltkrieg waren die meisten Menschen froh über jeden Arbeitsplatz, um sich einigermaßen über Wasser halten zu können. Die Grundbedürfnisse wie Sicherheit und den Hunger zu stillen standen im Vordergrund. Heute leben wir in einem friedlichen Europa. Demnach wächst die Zahl der Menschen, die nach neuen Wegen suchen, sich selbst zu entfalten. In den Köpfen vieler Menschen dominieren Werte wie freier Wille und Selbstständigkeit. Wir engagieren uns zwar immer noch für die Gemeinschaft, aber verbinden unser Engagement zunehmend mit dem Wunsch nach Selbstverwirklichung. Viele Menschen sehen darin den Sinn des Lebens.

Youtube, Pinterest, Instagram und TV-Sendungen wie „Deutschland sucht den Superstar" kommen bei den Menschen deshalb so gut an, weil sie den aktuellen Wunsch nach Selbstverwirklichung befriedigen. Viele junge Menschen akzeptieren dabei den Verlust der Privatsphäre. Jeder designt sein eigenes Leben! Jeder möchte auffallen und sich als interessante Marke verkaufen. Nicht nur Kleider probieren die Leute heute an, sondern auch Lebensstile und Weltanschauungen. Wie ein Redner im Vortrag sein Publikum nur durch Unterhaltung erreicht, fallen in der neuen Welt nur die interessanten Menschen auf. Die Öffentlichkeit ist zu einer Bühne geworden. Plattformen wie der Foto-Sharing-Dienst Instagram verdanken ihren enormen und schnellen Erfolg den Mitgliedern, die sich selbst zur Schau stellen. Durch verschiedene Filter können User ihren Fotos eine nostalgische und individuelle Wirkung verleihen. Die Sängerin Alicia Keys machte sich diese Plattform in Verbindung mit Crowdsourcing zunutze. Mit der Einbindung von Freiwilligen entstand das Musikvideo zur ihrer Single „New Day". Die Fans konnten über

Instagram Fotos hochladen, in der Hoffnung, sie im letztendlichen Videoclip sehen zu können. Dazu benutzten sie das Hashtag #AK-NewDay. Die Aktion war ein voller Erfolg. Die Botschaft verbreitete sich wie ein Lauffeuer und es wurden mehr als 10.000 Fotos hochgeladen.

Youtube's „Broadcast yourself!" wird so zum wesentlichen Leitprinzip. Menschen vermarkten sich bewusst. Denn sie wissen: Nur wer auffällt, wird heute wahrgenommen. Darum hinterlassen sie im Internet bewusst ihre Daten. In der Wissensgesellschaft, angetrieben durch das Internet, entsteht ein Persönlichkeitsmarkt. Jeder kann zur Marke werden. Damit ändern sich noch einmal grundlegend die Spielregeln in der gesamten Gesellschaft. Vor allem die Jugend tickt heute anders und demonstriert dies auch selbstbewusst nach außen. Sie sagt: Ich bin nicht mehr im Strom der Masse. Ich will mich vielmehr nach meinen eigenen Vorstellungen darstellen, einbringen und etwas bewegen.

Aus den USA schwappt jetzt schon die nächste Entwicklung der Selbstverwirklichung zu uns rüber: das soziale Unternehmertum. Die Menschen gründen eine Firma, um soziale Probleme zu lösen. Zwar hat bisher noch kein Unternehmer damit Milliarden verdient, aber Millionen lassen sich schon heute damit erwirtschaften. Ein gutes Beispiel kommt aus dem deutschen Fußball: Benny Adrion, Spieler beim FC St. Pauli, verkauft mit seiner Firma Viva con Agua Quellwasser in Flaschen. 1,5 Millionen Euro konnte er so bereits im vergangenen Jahr an Spenden sammeln und 150.000 Menschen Zugang zu sauberem Trinkwasser ermöglichen. Hier erkenne ich: Die Menschen verbinden ihre Karriere mit einem Sinn. Statt Dinge zu tun, wofür sie sich nicht interessieren, wollen sie helfen. Sie wollen in dieser Welt etwas bewegen! Damit bestätigt sich eine meiner Grundthesen, die ich seit Jahren immer wieder in meinen Vorträgen benenne: Wer hilft, hat Erfolg! Ich nenne es den Helpness-Faktor!

Die Industriegesellschaft verabschiedet sich allmählich mit großen Schritten. Leider halten aber die Unternehmen noch an alten Zöpfen fest. Dabei wandeln wir uns von der Industriegesellschaft hin zu einer Wissensgesellschaft. Wie oft habe ich das in meinen Vorträgen schon gesagt? Wie oft lesen wir von diesem Wandel? Der Zukunfts- und Trendforscher Matthias Horx weiß allerdings: Die Menschen erreichen pro Jahr maximal ein Prozent Fortschritt. Ist das nicht bei all den neuen Möglichkeiten ernüchternd? Oder ist es vielleicht eine Chance, irgendwann auch den Letzten mitzunehmen, der dem Fortschritt skeptisch gegenübersteht?

Im Buch „Tipping Point – Wie kleine Dinge Großes bewirken können" beschreibt der britisch-kanadische Journalist und Unternehmensberater Malcolm Gladwell, wie Trends entstehen und sich in der Gesellschaft etablieren. Von heute auf morgen entsteht ein Trend, der explosionsartig zunimmt. Diesen Zeitpunkt zu erkennen, ist für jedes Unternehmen eine Frage des richtigen Timings. Ich bin überzeugt, das Gleiche gilt für den jetzigen Trend des Individuums: Jetzt und hier ist der richtige Zeitpunkt, den Menschen und damit auch den Kunden viel individueller zu betrachten, als es bisher der Fall war. Die Kundenorientierung erreicht eine neue Phase.

Rufen wir uns noch einmal die Spielregeln der Industriegesellschaft ins Gedächtnis. In dieser Welt haben wir an unseren Schulen, Universitäten und in den Firmen eines gelernt: Alles ist planbar, vorhersehbar und kalkulierbar. Die Welt hatte ihre feststehenden Spielregeln, die man lernen konnte. In dieser Zeit gab es kein Unternehmen, das es schaffte, fast aus dem Nichts heraus mit einer Milliarde Dollar an die Börse zu gehen. Heute sieht alles ganz anders aus: Bereits einigen Unternehmen ist dieser Sprung gelungen. Besonders Facebook hat es aus dem Nichts heraus geschafft, mit einer Milliarde an die Börse zu gehen. In der alten Welt wurden Produkte verkauft, die jeder brauchte. Oder es wurde so suggeriert, dass man als Verbraucher glaubte, man bräuchte sie. Die Welt war damals in Ordnung, die Erfolgsmethode überschaubar, und die Märkte konnte man in Marktanteilen messen. Stellen Sie fest, dass es diese Märkte heute noch gibt? Ich nicht. Bei Tchibo können Sie heute zufälligerweise noch Kaffee kaufen.

Die neue Welt ist eine Wissensgesellschaft. Was vor einigen Jahrzehnten noch eine kühne These war, wird nun immer mehr zur Realität – und das Internet beschleunigt diesen Prozess. Ich gehe davon aus, dass sich dieser Wandel nun zu einem Mainstream entwickelt hat. In dieser neuen Welt sind die Wissensexperten gefragt. Dem einzelnen Experten, der über ein spezielles Know-how verfügt, stehen alle Türen offen. So kann ein Gary Vaynerchuck mit seinem Video-Blog knapp eine Million Follower erreichen. Die Macht verschiebt sich damit von den Firmen zum einzelnen Menschen. Inzwischen braucht man heute kein Unternehmen, um seine Ideen zu verwirklichen. Für Ingenieure entstehen so zum Beispiel ganz neue Möglichkeiten, weil sie für die Umsetzung ihrer Erfindungen lediglich einen Laptop brauchen.

Das folgende Beispiel beweist das: In den USA hat der Physiker Marcin Jakubowski dazu aufgerufen, gemeinsam ein sogenanntes Global Village Construction Set umzusetzen. Es ist ein Do-it-yourself-Maschinenpark aus 50 Geräten. Hier finden die Nutzer alle wichtigen Geräte, die jede kleine Gemeinschaft braucht, um nachhaltig und komfortabel zu leben. Viele Maschinen wie Traktor, Ziegelpresse oder Ackerfräse sind heute viel zu kompliziert aufgebaut und deshalb gerade für arme Menschen in Entwicklungs- und Schwellenländern nicht finanzierbar. Das ehrgeizige Projekt basiert auf dem Open-Source-Grundgedanken und wurde von Ingenieuren auf Open Design getauft. Wenn ein Ingenieur eine Idee hat, setzt er sich einfach an seinen Laptop und fügt die ersten Entwürfe ins Netz. Zusammen mit anderen Technikern und Hobbybastlern kann er seine technische Idee verbessern. Es ist ein ähnliches Prinzip, das wir von Wikipedia kennen, wo die Nutzer ihre Artikel gegenseitig korrigieren. Einzelne Menschen machen von der schöpferischen Kraft der Masse Gebrauch und realisieren ihre Ideen. Unterstützt wird diese Entwicklung durch sogenannte 3-D-Drucker, die Plastik schmelzen lassen und daraus Schicht für Schicht dreidimensionale Objekte modellieren. Unter Ingenieuren hat das eine wahre Revolution ausgelöst. Jeder braucht heute nur einen Laptop und einen 3-D-Drucker, der bereits für 500 Euro erhältlich ist. So kann jeder Ingenieur die dreidimensionalen Erfindungen sofort ausdrucken und auf Praxistauglichkeit testen. Was sich früher nur die Entwicklungsabteilungen großer Konzerne leisten konnten, ist nun für den einzelnen Menschen erschwinglich. Das britische Wirtschaftsmagazin "Economist" sieht darin die dritte industrielle Revolution, da die 3-D-Drucker die traditionellen Strukturen der Industrie ins Wanken bringen könnten. Forschung und Entwicklung finden zu Hause statt. Immer mehr Menschen werden sich dessen bewusst und gestalten ihre Zukunft nach ihren eigenen Plänen.

Durch die Wissensgesellschaft entstehen ein neuer Kunde und ein neuer Mitarbeiter. Willkommen in der Human Economy! Anfang dieses Jahrhunderts erreichten wir mit der Finanzkrise bereits einen Ausnahmezustand. Die New Economy lag als Wirtschaftsmodell plötzlich am Boden. Die Spielregeln wurden neu bestimmt. Unternehmen ohne Umsatz und Gewinn gingen an die Börse und sammelten hohe Summen ein. Es war populär, in einem Start-up zu arbeiten. Immerhin konnte man dort lernen, wie man Geld im Schlaf verdient. Es dauerte allerdings nicht lange, bis diese Blase platzte.

Heute erleben wir eine völlig andere Situation. Viele Technologien, die in der Industriegesellschaft noch nicht existierten oder nicht funktionierten, sind heute normal geworden. Mobile Endgeräte bereichern unseren Alltag, indem wir überall Informationen sofort abrufen können. All diese technologischen Erfindungen stehen allerdings nicht im luftleeren Raum. Sie verfolgen ein Ziel: Sie dienen dazu, dem einzelnen Menschen die Arbeit und das

Zusammenleben einfacher zu gestalten. Die Technologie schafft für den Menschen neue Freiräume und ermöglicht ein anderes Arbeiten. Denken Sie in ein paar Jahren an meinen folgenden Satz: „Wir werden in fünf Jahren anders arbeiten, anders kaufen, verkaufen und anders leben." Dieser Prozess ermöglicht für jeden Einzelnen eine neue Freiheit. Das war vor einigen Jahren nicht möglich. In dieser neuen Welt wird der Mensch als zentraler Erfolgsfaktor eingestuft. Das nenne ich die Human Economy, weil die Wirtschaft zum ersten Mal den Menschen in den Mittelpunkt stellt und alles andere herum aufbaut. Nicht, weil Unternehmen das wollen, sondern weil sie es müssen. Beobachten Sie nur Wikileaks! Diese Plattform macht schnell deutlich, was die einzelnen Menschen heute erreichen können. Ganze Regierungen, wie in dem Fall die US-amerikanische, können mit einem Male in Verruf geraten. Für Unternehmen, die heute den Fehler machen, nur nach Profit zu streben, wird es immer schwieriger, neue Mitarbeiter zu gewinnen. Außerdem werden sie immer mehr Kunden verprellen.

In der Human Economy wird alles beobachtet, erfasst und öffentlich gemacht. In dieser Ökonomie zählen Vertrauen und Werte. Als ich in den 90ern startete, mein Clienting-Konzept der Öffentlichkeit zu präsentieren, engagierte mich eine Bank aus dem süddeutschen Raum. Ich begann meinen Vortrag mit der Aussage: „Der weiche Faktor Kundenzufriedenheit geht vor dem harten Faktor Profit." Der Vorstandsvorsitzende hatte mich sofort gebeten, den Saal zu verlassen. Er bedankte sich höflich für den begonnenen Vortrag und gab mir für den Rest des Tages frei. Gegen Bezahlung. Aus seiner Sicht war meine These völlig falsch. Der Rest ist Geschichte. Die Bank gibt es heute nicht mehr.

Die Clienting-Lehre ist eine Beziehungslehre zum Kunden, mit der Unternehmen auf einfache, neuartige Weise ihre Umsätze steigern können. Sie vertritt die These, dass eine in gewissem Maße selbstlos handelnde Firma (Egoless Corporation) bessere Marktchancen erzielt als eine ausschließlich nach Profit strebende Firma. Clienting stellt den individuellen Kunden als Menschen und die Steigerung seines Erfolges in den Vordergrund und nicht den Markt. Die Lebenskonzepte der Kunden stehen im Mittelpunkt.

Praxisübung – Das erste „i": Identifizieren Sie Ihre Kunden!

Betrachten Sie dieses Werk gleichzeitig als ein Arbeitsbuch für Ihren eigenen Erfolg! Der folgende Abschnitt ist nun Ihnen und Ihrer innovativen Kundenstrategie gewidmet. Im Hinblick auf die folgenden Kapitel sollten Sie zuallererst Ihre Kunden identifizieren. Da wir uns in einem Umbruch befinden, entsteht ein neuer Kunde mit neuen Werten und Vorstellungen.

Stellen Sie sich die Frage: Was wissen Sie über Ihre Kunden wirklich? Kennen Sie mehr als die reinen Fakten und Daten wie Name und Wohnort? Wissen Sie, was Ihr Kunde mag und was er ablehnt?

Sie sind dran!

_____

_____

_____

_____

_____

_____

_____

_____

_____

_____

_____

_____

_____

Kapitel 2
Mit den Augen des Kunden
Wie Sie Ihr Geschäftsmodell jetzt anpassen müssen

Mit der zunehmend individualisierten Welt stehen Unternehmen vor einer großen Herausforderung. Sie müssen ab sofort den Kopfstand von der Produktorientierung hin zur Lösungsorientierung schaffen. Leider verstehen sich nach wie vor viele Marktteilnehmer als Verkäufer von Produkten. Dabei ist gerade die Neudefinition der Geschäftsstrategie eine entscheidende Voraussetzung, um Konzepte für den individuellen Kunden zu entwickeln. Die Lösungsorientierung ist nur eine Vorstufe hin zum Unikat-Angebot. Sie ist ein entscheidender Schritt hin zum unternehmerischen Erfolg.

Vor einigen Tagen besuchte mich ein Geschäftsfreund, den ich erst seit Kurzem kenne. Seine Firma hat ihren Sitz in Hongkong und produziert in Asien, insbesondere für große deutsche Einzelhandelsketten. Schnell kamen wir darauf, warum sich gerade chinesische und taiwanische Firmen qualitativ erheblich verbessert haben und jetzt ganz gezielt mit hochwertigen Produkten in die europäischen Märkte eindringen. Die Preise sind erheblich geringer als die der vergleichbaren Konkurrenz aus Europa. Vorbei ist die Zeit der einfachen Produkte. Heute werden selbst anspruchsvolle Produkte mit hoher Komplexität auf höchstem Niveau in China produziert. Der Wettbewerb geht in eine neue Phase über. Kann ein Unternehmen heute noch mit Produkten dauerhaft erfolgreich sein? Die Diskussion mit meinem Gast führte dazu, dass ich mir die Frage stellte, welches Produkt gerade besonders Sinn machen könnte. Ich hatte direkt die Idee, High-Tech-Geräte zu favorisieren. Die Wahl fiel auf

Tablets. Spontan fragte ich, ob man auch kleinere Mengen modernster Tablets bestellen könne und was es dann kostet. Mein Gesprächspartner griff zum Telefon, eher Smartphone, und rief in Hongkong an. Am nächsten Morgen hatte ich in meinem E-Mail-Eingang bereits die Preise, Stückzahl und technischen Details. Innerhalb von 24 Stunden. Die Preise waren sehr attraktiv und das Produktangebot machte einen überzeugenden Eindruck. Nur mein Go fehlte noch. Ehrlich gesagt war ich beeindruckt, was heute ein Telefonat und gute Verbindungen bewirken können. Wie es in diesem Buch immer wieder beschrieben wird, gehen wir über in eine Phase der Neuentdeckung des Kunden. Produkte sind für Unternehmen ein hoher Risikofaktor, obwohl ich überzeugt bin, dass die meisten Hersteller heute noch eine Produktstrategie haben. Wie lange geht eine produktbezogene Definition des Kerngeschäftes gut? Bis es jemanden gibt, der das gleiche Produkt ein bisschen besser und ein bisschen billiger macht. Und diese Tendenz nimmt dramatisch zu. Ein Unternehmen, das ausschließlich auf Produkten basiert, ist damit maximal gefährdet. Die Zeichen der Zeit erkennen immer mehr Anbieter und handeln, indem sie eine neue Strategie entwickeln.

Die Industrie braucht demnach innovative Konzepte, um auf dem Markt zu überleben. Sogenannte hybride Produkte sind ein erster Schritt. Unter hybriden Produkten versteht man Sach- und Dienstleistungen, die als Leistungsbündel dem Kunden eine Lösung bieten. Das ist der Brückenschlag zur neuen Kundenwelt. Strategien der Zukunft werden weggehen vom Produktdenken, hin zum Lösungsdenken. Die Kunden interessiert nur der Nutzen Ihres Angebotes. Verkaufen Sie also maßgeschneiderte Lösungen für den Kunden und nicht einfach nur ein Produkt. Ein Produkt ist viel zu schnell austauschbar. Und man ist einem gnadenlosen Preiskampf ausgesetzt.

Dieses Prinzip hat sich auch der Halbleiterhersteller Infineon zu Herzen genommen und den Fokus auf Anwendungen und Kundenlösungen gelegt. Ein Konzernumbau ist dafür nicht nötig. Es müssen lediglich Prozesse im Marketing, in der Produktentwicklung und im Verkauf an die Unternehmensstrategie angepasst werden. Der Konzern ist der Meinung, dass vor allem im Industriegeschäft schneller Trends erkannt werden können und man den Kunden dann noch besser versteht. Der Kunde ist eine Quelle der Inspiration. Ich hoffe, dass man mit dieser Grundidee direkt von Anfang an alle Geschäftsbereiche an einen Tisch bringt, die mit dem Kunden in Kontakt stehen. Nur so ist es möglich, ein gemeinsames Verständnis für den Kunden zu entwickeln. Ich persönlich sehe es für den Markterfolg als wesentlich an, wie viele Abteilungen zusammen an der Schnittstelle zum Kunden agieren.

Nicht nur Produkte, sondern auch Sach- und Dienstleistungen lassen sich lösungsorientiert ausrichten. Dienstleistungen können auch Finanzdienste im Sinne des Kunden sein. Manche Branche, dazu zählt auch die Autoindustrie, hat erst durch bestimmte Absatzfinanzierungen neue Kunden generieren können. Die südkoreanischen Autohersteller Hyundai und Kia konnten in den vergangenen Jahren in Europa viele neue Kunden gewinnen, da sie die ersten Anbieter waren, die auf Neuwagen eine 5- oder 7-Jahres-Garantie ausgeschrieben hatten. Es war ein mutiger, aber im Nachhinein kluger Schachzug. Die Unternehmen konnten besonders die kritischen Autobesitzer überzeugen, die jahrelang niedrige Autopreise mit schlechter Qualität assoziierten. Mit der hohen Jahres-Garantie entstand Vertrauen zum Unternehmen.

Lösungsorientierung statt Produktorientierung geht noch weiter. Um auf die Anforderungen des lokalen Marktes flexibel eingehen zu können, ist laut Würth eine dezentrale Struktur des gesamten Unternehmens notwendig. Die Entscheidungen können vor Ort schnell getroffen werden und man entwickelt ein tiefes Verständnis für den Kunden. Die Unternehmensgruppe Würth war eine der ersten Gesellschaften, die für Handwerker komplette Lösungen entwickel hatten.

Auf der Suche nach dem richtigen Service ist auch Carglass einen Schritt weiter gegangen. Wenn Sie es wollen, können Sie über den mobilen Dienst des Unternehmens die Reparatur vor Ihrer Haustür erledigen lassen. Unkompliziert, professionell und termingerecht. Auf der Suche nach dem besten Nutzen für den Kunden liegt ein solcher Service nahe. Wenn es dann noch mit keinem zusätzlichen Kostenaufwand für den Verbraucher verbunden ist, entstehen neue Geschäftschancen. Ich habe es selbst erleben dürfen. Die Mitarbeiter waren sogar überpünktlich bei uns zu Hause. Kleiner Wermutstropfen: Am Vorabend kam eine SMS mit der Bestätigung des Auftrages und des Termins. Allerdings wurde in der SMS bestätigt, dass man sich freue, uns am nächsten Tag um 9.00 Uhr in der Kölner Niederlassung begrüßen zu dürfen. Und das passiert mir als Düsseldorfer. Als wir bei der Hotline anriefen, gab es Entwarnung: „Keine Sorge, das Ganze ist nur ein EDV-Problem!", sagte der freundliche Mitarbeiter. Die Idee stimmt. Service vor Ort, ohne Zeit zu verlieren, überzeugt heute Kunden. Und wenn die EDV auch noch mitspielt, sind die Kunden mehr als zufrieden. Unternehmen stehen vor der Herausforderung, ihre Angebote für Kunden auf den Prüfstand zu stellen.

Die Deutsche Telekom ist heute auch anders aufgestellt und agiert mit der neuen Strategie sehr erfolgreich. Sie erinnern sich: Früher gab es einzelne Geschäftsbereiche wie T-Home, T-Mobile, T-Online und T-Systems. Jeder konnte unabhängig vom anderen Geschäftsbereich Kundengespräche führen. Das führte zwangsläufig zu Überschneidungen und Streuverlusten, die nicht im Sinne des Kunden waren. Nach der Umstrukturierung geht die Telekom konsequent den Weg „One Face to the Customer", wie es neudeutsch heißt. Heute haben Kunden für Telefon, Mobilfunk, Internet und Videokonferenzen geschlossene Konzepte. Das Prinzip „Alles aus einer Hand" wurde realisiert. Wer die Probleme kennt, die sich im Unternehmen durch unterschiedliche Partner ergeben können, wird dem zustimmen. Die Telekom ist raus aus der Vergleichbarkeit, weil viele

Anbieter nicht mithalten können. Genau das ist in umkämpften Märkten die Herausforderung. Es müssen Konzepte und Lösungen entwickelt werden, die in dieser Form einzigartig sind. Und das gelingt mit Produkten alleine immer weniger.

Prof. Dr. Lennart Brumby, mit Lehrstuhl an der technischen Fakultät der DHBW Mannheim, beschäftigt sich mit dem Thema Kundenlösungen. Er ist der Meinung, die Industrie erwirtschaftet mit Serviceleistungen eine viermal höhere Marge als mit Anlagen und Produkten. Der erfolgversprechende Weg liegt darin, dass Unternehmen ihre Sach- und Dienstleistungen wie zum Beispiel Service lösungsorientierter ausrichten, um spezifischer auf die Probleme der Kunden einzugehen.

Sie können es als eine wichtige Zwischenstufe auf dem Weg hin zu einer individuellen Kundenlösung betrachten. Es mag sein, dass es für viele Unternehmen zu schnell gehen könnte. Heute noch Produktanbieter, vielleicht sogar ein Massenproduktanbieter, und morgen schon Lieferant individueller Produkte. Dies ist ein Prozess, der Zeit braucht. Als ich mich vor Kurzem mit einem Manager von Procter & Gamble unterhielt und von meinem neuen Thema erzählte, bestätigte er mir diesen Trend in den USA. P&G nimmt die Entwicklung sehr ernst und hat bereits darauf reagiert. Genaueres wollte er noch nicht erzählen.

Viele Firmen müssen noch über eine Brücke gehen und sich auf die andere Seite stellen. Im Vordergrund stehen in den Unternehmen die Verkaufsanstrengungen. Auf den ersten Blick einleuchtend, weil jeder vom Absatz lebt. Spannend wird es, wenn man anfängt, das Bekannte zu hinterfragen. Geht es darum, dass wir etwas verkaufen, oder geht es darum, was Kunden wirklich wollen? Im zweiten Schritt ist relevant, wie wir Verkaufs- oder Kundengespräche richtig führen, damit der Kunde einfacher kaufen kann. Entscheidend ist, die Lösung mit den Augen des Kunden zu sehen. Er ist nicht in erster

Linie auf das Produkt fixiert, sondern was die Lösung für ihn bedeutet. Und dann gilt: Je mehr Nutzenargumente wir haben, umso mehr generieren wir neue Geschäfte. Und je mehr die Lösungen helfen, desto größer ist die Abschlusschance. Manchmal gelingt es mit nur einem Produkt. Meistens ist es jedoch eine Kombination von Produkten, Service und Einzigartigkeit. Oft können auch technologische Innovationen einen Nutzenschub auslösen, wie es zum Beispiel Apple mit dem iPhone, iPad und iPod umgesetzt hat.

Zum Einstieg empfehle ich allen Firmen eine Maßnahme, die ihnen auf dem Weg zur Lösungsorientierung weiterhilft – egal, wie intensiv sie sich bisher mit dem Kunden befasst haben. Die Frage für Ihr Unternehmen lautet: Wann haben Sie sich das letzte Mal persönlich mit Ihren Kunden zusammengesetzt? Diese Maßnahme hilft Ihnen dabei, zu verstehen, was Ihre Kunden tatsächlich denken, fühlen und was sie wirklich bewegt. Sie brauchen dafür nur ein paar Stunden und die Bereitschaft, sechs bis sieben Kunden einzuladen. Außer Zeit kostet das Kundentreffen so gut wie nichts, da der Nutzen am Ende größer als der Aufwand ist. Laden Sie dazu nicht nur Ihre Topkunden ein, sondern auch kritische oder abgesprungene Kunden.

Der Fokus liegt dabei stets auf den Kittelbrennfaktoren Ihrer Kunden. Denn wie schon erwähnt: Dort, wo der Kittel wirklich brennt, haben Sie die besten Chancen, etwas zu verkaufen. Ich weiß aus jahrelangen Erfahrungen, dass Unternehmen durch diese Maßnahme wertvolle Erkenntnisse erhalten. Mein Tipp an Sie: Erwarten Sie vom Kunden niemals Lösungen. Er wird sie Ihnen nie bieten können, weil ihm oft die Vorstellungskraft dafür fehlt. Erwarten Sie stattdessen Ideen, die Ihnen dabei helfen, auf Ihre Kunden individueller einzugehen.

General Electric hat eine Zeit lang tatsächlich sogenannte Dream Sessions durchgeführt. Ziel war es, zu erfahren, was der Kunde wirklich denkt und was er sich wünscht. Die Firma berichtet, dass dadurch zahlreiche neue Anregungen für viele Lösungen entstanden sind. Führen Sie solche Veranstaltungen am besten regelmäßig durch, allerdings mit jeweils wechselnden Kunden. So entwickeln Sie ein sehr sensibles Gefühl für Ihre Kunden und für zukünftige Entwicklungen. Achten Sie besonders auf die Feinheiten der Aussagen. Wenn zum Beispiel ein Teilnehmer sagt: „Das wäre schön, wenn es das gäbe! Aber genau das gibt es ja leider nicht", dann ist das die Chance für Sie, daraus eine neue individuelle Lösung zu entwickeln. Mit ein bisschen Glück werden Ihnen vielleicht sogar die nächsten Innovationen verraten. Kundenerfolge jenseits des Egoismus!

Das ist die zentrale Aussage meines Clienting-Konzeptes. Im Kern geht es darum, dass der heutige Kunde wirklich anders denkt und kauft. Er nutzt nicht nur das Internet, um sich vor dem Einkauf zu informieren, sondern er erwartet auch ein grundlegend anderes Unternehmen. Eines, das ihn in den Mittelpunkt stellt. Und eines, wo sich alles am besten nur um ihn dreht. Damit müssen wir in der neuen Kundenära den Schieberegler der Einzigartigkeit, auf einer Skala von null bis hundert, noch ein Stückchen weiter nach rechts ziehen. Ich bin überzeugt davon, dass ein Unternehmen, das sich sehr intensiv mit den Gedanken der Kunden beschäftigt, schneller agieren und reagieren kann als die Konkurrenz.

Der anspruchsvolle Kunde ist heute selbstbestimmend. Denn heute erwarten die Kunden einen individuellen Nutzen. Doch welchen Nutzen liefern wir unseren Kunden in Zukunft, wenn es darauf ankommt? Mit welcher Innovation wollen wir ihnen bei der Lösung ihrer Probleme helfen? Stellen Sie sich bewusst auf die andere Seite, um Antworten auf diese Fragen zu bekommen. Betrachten Sie ab sofort alles, was Sie machen, mit den Augen des Kunden. Je konsequenter, umso besser. Oft haben Unternehmen nur einen Blickwinkel. Wenn Sie aber mit Ihrem Unternehmen in neue Dimensionen aufbrechen wollen, müssen Sie sich jeden Tag konsequent die Frage stellen: Warum soll der Kunde ausgerechnet bei mir kaufen?

Bieten wir etwas Besonderes? Bekommt er bei uns etwas Einzigartiges? Erhält er bei uns bereits individuelle Lösungen? Sie können diese Fragen in wenigen Sekunden beantworten.

Nehmen Sie bitte bei der Gelegenheit ein Streichholz zur Hand und lassen Sie es abbrennen. Das dauert etwa sieben bis zehn Sekunden. Genau das ist auch die Länge der Zeit, die ein Kunde braucht, um die Grundsatzentscheidung zu treffen, sich näher für Sie zu interessieren. Fehlt uns die Antwort auf unsere Fragen, wird es schon schwieriger, den Kunden zu überzeugen. Im Internet ist der Kunde übrigens noch kritischer. Innerhalb von nur zwei Sekunden entscheidet er bereits, ob er weiter auf einer Homepage bleibt oder sich wieder zurück zu Google klickt. Und genau das beobachtet auch der Suchmaschinenriese aus Kalifornien. Wenn er feststellt, dass die meisten Besucher nach zwei Sekunden wieder die Seite verlassen, dann werden Sie mit Ihrem Online-Auftritt runtergestuft. Damit verlieren Sie in der Google-Welt an Bedeutung.

Kommen wir zu unserem neuen Konzeptansatz der Individualisierung zurück. Wenn Sie als Einziger dem Kunden etwas bieten, das auf seine Bedürfnisse zugeschnitten ist, dann kommt er höchstwahrscheinlich zu Ihnen. Was heißt das für Sie als Unternehmer? Holen Sie sich vom Kunden die Informationen, die Sie brauchen. In der Regel fordert man im Internet den Kunden auf, bei der Registrierung seine Adressdaten zu hinterlassen. Neben den Grunddaten, wie zum Beispiel Name und E-Mail-Adresse, halte ich die Interessen und Probleme der Kunden für genauso wichtig. Bei den Grunddaten kann ich nur Rückschlüsse auf die Zielgruppe ziehen. Zusammengefasst heißt das also für Unternehmen der heutigen Zeit: Kombinieren Sie die Adressdaten Ihrer Kunden mit deren Kittelbrennfaktoren und Interessen! So können Sie ein effektiveres Kundenprofil erstellen.

Eine Kernaussage meiner Clienting-Lehre lautet: Unser Geschäft ist es, mit allen Mitteln zu helfen, damit unsere Kunden selbst bessere Geschäfte machen. Diese Aussage gilt für das Business-to-Business-Geschäft (B2B), also zwischen Geschäftskunden. Wenn es aber Privatkunden sind, lautet Ihre Mission so: „Unser Geschäft ist es, zu helfen, damit unsere Kunden selbst besser leben können." Das kann zum Beispiel für Versicherungen gelten, aber auch ein Friseur könnte sich auf die Fahne schreiben: „Mein Geschäft ist es, zu helfen, damit unsere Kunden attraktiver aussehen." Je mehr es uns gelingt, dem Kunden wirklich zu helfen, umso individueller wird auch die Beziehung zu ihm. Aus meiner Sicht ist das der entscheidende Wettbewerb dieser Zeit. Besonders solange die Konkurrenz noch schläft.

Apple zeigt, wie eine erfolgreiche Kundenbeziehung aussehen könnte. Jede Veranstaltung oder jedes Gerät verbindet der Kunde mit einem Event. Er fiebert dieser Veranstaltung genauso entgegen wie der Erstausstrahlung eines spannenden Films oder dem Finale eines Fußballturniers. Wenn das Event mit den Augen des Kunden erfolgreich war, wird er sich zugunsten des Unternehmens gerne daran erinnern. Apple ist darauf bedacht, schon bei der Begrüßung dem einzelnen Kunden das Gefühl zu vermitteln, dass der Kauf für ihn etwas Besonderes sei.

Die Firmen der Zukunft machen mit dem reinen Wissen über ihre Kunden gigantische Geschäfte und kombinieren es mit der neuesten Technologie. Die Produkte, Lösungen und Konzepte kaufen sie dafür weltweit ein. Dabei konzentrieren sie sich auf die Profile ihrer Kunden und die daraus abzuleitenden Präferenzen. Schon morgen werden sie zu den neuen Türstehern der Wirtschaft gehören. Denn sie kennen ihre Kunden ganz genau. Man kann die Informationen über den Kunden aber auch auf natürlichem Wege herausfinden – selbst im Zeitalter des Internets.

Als Jin Zhiguo in den 90er Jahren bei der chinesischen Brauerei Tsingtao anfing, war der Konzern noch verstaatlicht und fuhr nur mäßige Erfolge ein. Als CEO erhielt er die Aufgabe, die vor Kurzem übernommene Brauerei Hans zu leiten und sie zu modernisieren. Doch bei Hans lief es aus zwei Gründen nicht gut. Das gesamte Unternehmen war verstaatlicht und gehörte somit zur kommunistischen Partei. Gute Leistungen der Manager waren nicht notwendig und die Vorliebe der Verbraucher interessierte niemanden. Der CEO Jin Zhiguo hatte aber zu der Zeit erkannt, dass das fatale Folgen für den Umsatz des Unternehmens hatte. Jin war schon in den 90ern davon überzeugt, dass immer der Kunde das Sagen hatte. Darum legte er großen Wert darauf, den Markt zu erkunden und die Informationen aus erster Hand zu sammeln. Jin Zhiguo zog daraus Konsequenzen: Jedes Mal, wenn er Feierabend machte, ging er in die Restaurants und an die Essensstände, um mit den Menschen dort zusammenzusitzen und über Bier zu reden. Nachdem sie gegangen waren, zählte er die leeren Flaschen auf den Tischen und merkte sich die Marken. Außerdem sprach er mit den Inhabern der Restaurants und fragte sie, warum die Sorte Hans nicht auf der Karte stand.

Der CEO beauftragte seine Mitarbeiter, das Gleiche zu tun, um so viele Informationen wie möglich zu sammeln. Das Ergebnis: Weder die eigene Biermarke noch die der Konkurrenz waren wirklich perfekt! Jin und seine Mitarbeiter beobachteten zudem, dass die Menschen in Xian gerne scharf aßen und dementsprechend dazu lieber ein leichtes und gekühltes Bier tranken. Jin Zhiguo und sein Team lernten daraus und machten sich sofort an die Umsetzung: Erstens wurde darauf geachtet, dass die Biere weniger bitter, nicht so hell und ohne Ablagerungen sein sollten. Zweitens ließ der CEO ein ganzes Hopfenlager zu einem großen Kühlschrank umbauen, damit Tsingtao seine Kunden mit kaltem Bier beliefern konnte. Allein durch diese wertvollen Informationen, die sich aus dem alltäglichen Dialog ergaben, konnte die Brauerei Hans überproportional wachsen. Als Jin Zhiguo in den 90er Jahren in Xian begann, schrieb die lokale Brauerei Hans einen Verlust von über 25 Millionen Yuan pro Jahr. Am Ende des ersten Jahres nach der Neuausrichtung betrug der Gewinn bereits 50 Millionen Yuan.

Die bekannteste Marke im Ketchup-Sortiment liefert ein weiteres Beispiel, dass der Kundendialog Gold wert sein kann. Es ist kaum verwunderlich, dass die Manager von Heinz Ketchup den Konzern eine Zeit lang als „Dollar-Pfund-Euro-Unternehmen" bezeichneten, da man größtenteils auf den Märkten in Europa, Amerika und Großbritannien präsent war. Erst heute hat der Lebensmittelhersteller auch die Märkte in den Schwellenländern erobert. Unter anderem zählen dazu Brasilien, China, Indien, die Philippinen und Indonesien. Deswegen sieht der CEO Bill Johnson das Unternehmen mittlerweile in einem ganz anderen Licht. Heinz werde zukünftig von den fünf „R" dominiert, sagt er. Der Buchstabe steht jeweils für die einzelnen Währungen in den Schwellenländern: der brasilianische Real, der chinesische Renminbi, die indische Rupie, die indonesische Rupiah und der russische Rubel. Das Unternehmen hat im Laufe seiner Geschichte eine wichtige Erkenntnis gesammelt, die maßgeblich für das Wachstum in den Schwellenländern verantwortlich war: Es muss immer dem Kunden schmecken. Heinz Ketchup konnte sich in den Schwellenländern nur deshalb so erfolgreich durchsetzen, weil der Konzern das Produkt auf den lokalen Geschmack der Kunden abgestimmt hatte. Auf den Philippinen hat man zum Beispiel erkannt, dass die Menschen dort den sogenannten Bananenketchup lieben. In Indonesien schwört man auf die Chilisoße wie auch auf den Geschmack der Sardinen und in Südafrika vergöttert der Kunde die Fleischpastete. Bill Johnson, der immer wieder durch die Welt reist, um in den einzelnen Produktionshallen die Produkte zu verkosten, räumt ein, dass ihm viele Sorten überhaupt nicht schmecken. Er hat aber gemeinsam mit dem Unternehmen gelernt, dass es dem Kunden schmecken muss. Zwar erhöht diese Erkenntnis nicht den Geschmacksgenuss des CEOs, aber dafür den Umsatz von Heinz. Und das stellt ihn natürlich äußerst zufrieden. Sie sehen: Obwohl der Tomatenketchup ein uramerikanisches Produkt ist, musste er sich den individuellen Kundenwünschen anpassen. Das ist Clienting in Reinkultur! Das Unternehmen beobachtet inzwischen, dass die Konkurrenz in den Industrieländern wie Europa und den USA zugenommen hat. Alles ist schwieriger geworden. Der Schlüssel hierfür ist die Innovationskraft! Um sie leisten zu können, sieht Heinz in dem Kunden den wichtigsten Faktor, zumal er wichtige Anhaltspunkte gibt. In den Schwellenländern achtet der Konzern dementsprechend immer mehr darauf, den Kontakt zu den Verbrauchern über soziale Medien herzustellen. Nur so erhält der Ketchup-Riese wertvolle Anregungen und kann neue Produkte oder auch Produktmodifikationen auf den Markt bringen.

Sie sehen: Auf Basis der Kundeninformationen bauen die Big Player ihr Know-how immer weiter aus. Sie wissen, was ihre Kunden kaufen, und erkennen selbst, was ihnen noch mehr gefallen könnte. Sie werden von den Unternehmen als gleichwertige Partner behandelt.

Nach unseren Überzeugungen will auch Google denken wie seine Kunden. So möchte der Internetgigant den Kunden neutrale Ergebnisse liefern, die ihm dabei helfen, zu besseren Entscheidungen und Ergebnissen zu kommen. Google versucht durch stetiges Updaten, übertriebene interessengeleitete Informationen zu filtern.

Wie wichtig doch die Aussagen der Kunden sind, hat auch ein Unternehmerpärchen aus der nordrhein-westfälischen Gemeinde Ense erfahren. Während manche große Anbieter noch „gemütliche", „praktische" und „rutschfeste" Hundenäpfe verkaufen, haben sich Andreas und Bianca Böhmer unter www.doggys-napf.de für die Kunden etwas ganz Besonderes ausgedacht. Doggy's Napf hat es sich zur Aufgabe gemacht, dass jeder einen individuellen Futternapf verdient. Der Kunde kann die Farbe des Futternapfes für seinen vierbeinigen Liebling selbst wählen. Die Futternäpfe gibt es in Klein-, Mittel- und Großformat. Natürlich darf der Napf auch eine Namensgravur bekommen und eine Auswahl an verspielten Details steht ebenfalls zur Verfügung.

Die Idee entstand durch Zufall: Andreas und Bianca Böhmer besitzen selbst Hunde. Die beiden Unternehmer wollten einer Freundin einen selbst designten Napf schenken. Durch einen befreundeten Metallarbeiter konnte der selbst designte Futternapf so erstmals realisiert werden. Nachdem sie das Geschenk überreicht hatten, mehrten sich die Anfragen von interessierten Leuten, die auch so etwas für ihren Vierbeiner kaufen wollten. Heute arbeitet Doggy's Napf mit zahlreichen Partnern wie Designern und Metallarbeitern zusammen, um die speziellen Futternäpfe anfertigen zu lassen. Dass es sich lohnt, zeigen die Kunden: Nahezu 100 Prozent sind zufrieden, während höchstens ein Prozent reklamiert oder unzufrieden ist. Das seit 2008 existierende Unternehmen setzt dabei auf das Internet. Kunden, die einen persönlichen Hundenapf wünschen, bestellen im Online-Shop. Die Ware wird dann nach Hause geliefert. Interessant dabei ist auch: Das Unternehmen macht bewusst keine Werbung. Es verteilt lediglich Flyer oder schaltet Anzeigen in der Lokalzeitung. Seit einiger Zeit arbeitet das Unternehmen mit einer Baumarktkette zusammen und stellt für die Kunden sogenannte Futterbars auf. Hier können Hundebesitzer ihre Vierbeiner stärken – dazu stehen Futter- und Wassernapf zur Verfügung. Außerdem hängen das Logo sowie der Kontakt der Firma aus. Nun sind auch die ersten Apotheken aufmerksam geworden und stellen die Futterbars auf. Der Verkauf lebt von der Mundpropaganda. Einer der führenden Anbieter für Tiernahrung beobachtet diese Entwicklung sehr sensibel, um gegebenenfalls selbst in die Herstellung von individuellem Tierbedarf einzusteigen.

Ich sehe darin einen Weg vom Kundendenken hin zum individuellen Handeln. Und ich sehe es in Zukunft für viele Branchen als die beste Chance, sich neu zu positionieren. Kunden leben immer noch zu sehr in einer anonymen Welt. Das ist umso erstaunlicher, da Unternehmen zunehmend mit neuen Realitäten und geänderten Spielregeln konfrontiert werden. Der Wettbewerbsdruck ist oft extrem hoch. Unzählige Produkte unterscheiden sich praktisch gar nicht mehr. Einerseits leben wir in einer digitalen Welt, die durch schnellen Wandel, Dynamik und große Komplexität geprägt ist. Andererseits macht sich immer mehr Einfluss der aufkommenden Wissensgesellschaft bemerkbar, in der die Welt zum globalen Dorf wird und Daten in nicht mehr überschaubarer Zahl auf den Einzelnen einprasseln. Darüber hinaus ist der Kunde zunehmend in einer Pole-Position und hat zu viele Angebote. Als Unternehmen ist man mehr denn je darauf angewiesen, den Kunden nicht nur zu begeistern, sondern individuell zu betrachten. Und darauf aufbauend einzigartige Konzepte für ihn zu entwickeln. Ziel muss es sein, so früh wie möglich über die Wünsche und Sehnsüchte des einzelnen Kunden informiert zu sein, um auf den sich schnell veränderten Märkten als Erster reagieren zu können. Vielleicht findet man eines Tages nicht nur das Label „Made in Germany", sondern auch „Only made for you" auf den erworbenen Produkten.

Die neue Kundenära, die hier und jetzt beginnt, zeigt bereits, dass diese Tatsache inzwischen Realität ist. Die Konsumenten da draußen suchen bewusst im Internet nach einzigartigen Produkten. Sie wollen etwas in der Hand haben, um ihr Leben einzigartiger und individueller zu gestalten. Hans Vogelsang aus Berlin betreibt das erste Online-Magazin, das speziell über die faszinierende Welt der personalisierbaren Einkaufswelt informiert. Unter www.egoo.com kann jeder Besucher Produkte, Dienstleistungen und Firmen finden, die dem Kunden dabei helfen, seine Welt einzigartiger zu gestalten. Von individuellem Geschenkpapier über individualisierbare Kinderbücher bis hin zu speziellen Massivholzmöbeln. Hans Vogelsang sieht die Welt in einem dramatischen Umbruch: „Auch wenn der massenhafte Zwang zur Individualität schon fast ein Paradoxon ist, sind wir ganz sicher, dass Mass Customization gerade erst am Anfang seiner glorreichen Zeit ist." Mittlerweile wird das Online-Magazin im Monat über 200.000 Mal abgerufen. Das beweist noch einmal meine Theorie: „Die neue Kundenära beginnt jetzt!"

GUTSCHEIN

Gratis e-book

Jetzt unter **ebooks.kursplus.de** das **kostenfreie e-book** zum Thema „Erfolg" im Wert von 12,90 € sichern.

REDLINE | VERLAG

mi-Wirtschaftsbuch
mehr information

www.kursplus.de

GUTSCHEIN

Praxisübung – Das zweite „i": Integrieren Sie den Kunden!

Machen Sie sich Gedanken, mit welcher einfachen Vorgehensweise Sie Ihre Kunden einladen und träumen lassen können. Laden Sie sie ein und stellen Sie die richtigen Fragen: Was sind die brennenden Probleme, die Ihre Kunden heute haben? Was sind die Träume Ihrer Kunden? Was wäre also schön, wenn es das geben würde? Und drittens: Was sind die Motive Ihrer Kunden? Alle Fragen ergeben die sogenannten Kittelbrennfaktoren der Kunden.

Sie sind dran!

_____

_____

_____

_____

_____

_____

_____

_____

_____

_____

_____

_____

_____

_____

_____

_____

_____

_____

_____

Kapitel 3

Der endgültige Abschied
vom Marketing
Warum eine Ära zu Ende geht

Der individuelle Kunde erfordert ein Umdenken von der ersten Sekunde an. Denn mit der neuen Kundenära wird das Modell der Produktion auf den Kopf gestellt. Immer wieder stellen Firmen ernüchtert fest, dass aus einem erhofften Hit ein Flop wird, weil man zuerst vom Produkt ausgegangen ist. Das ist der einzige Grund, warum selbst die größten Unternehmen mit ihren neuen Produkten scheitern. Sie machen noch vom Gedankengut der alten Welt Gebrauch.

Die neue Welt, die auf den individuellen Kunden eingeht, braucht eine völlig andere Strategie. Wer das begreift, kann auf dem Markt überproportionale Ergebnisse erreichen. Die Lösung für die Wirtschaft von heute sieht so aus: Die Kunden beziehungsweise Freiwillige sind mittels Crowdsourcing von Anfang an dabei. Denn oftmals kommen die besten Ideen nicht von Experten, sondern von Menschen, die eigentlich keine Ahnung haben. Es ist das typische Problem der Scheuklappen. Wer jahrelang in derselben Branche tätig ist, arbeitet automatisch nach gelernten Mustern und Arbeitsabläufen. Alles andere, was unüblich ist, wird hingegen totargumentiert: „Das funktioniert in der Automobilbranche, aber nicht bei uns!" Oder man sagt: „Es hat schon seinen Sinn, dass wir so arbeiten. Das hat sich doch jemand vor Jahrzehnten nicht aus Spaß ausgedacht!" Jeder Kunde ist in der Lage, zu beurteilen, was ihm gefällt und was schön wäre, wenn es das gäbe. Dafür muss man keinen Experten fragen.

Am Ende kaufen ja schließlich nicht die Spezialisten die Produkte, sondern die Kunden. Und genau diese gilt es, zu überzeugen.

Forscher der Wirtschaftsuniversität Wien sind 2011 dieser Methode auf den Grund gegangen. Sie hatten insgesamt 213 Tischler, Dachdecker und Skater am Experiment teilnehmen lassen. Die Teilnehmer mussten sowohl Lösungen für die jeweils fremde Branche als auch für das eigene Fachgebiet entwickeln. Zwar waren ihre Ideen nicht immer passgenau für die jeweils fremden Branchen, dafür überwog aber große Kreativität. Die Wissenschaftler berichteten, dass die Branchenexperten von manchen Ideen regelrecht begeistert waren. Rund 20 Prozent der gemachten Vorschläge hätte man sogar kommerziell verwerten können. Manche Lösungen fanden die Fachmänner dagegen so gut, dass sie ernsthaft überlegt hatten, sie sofort umzusetzen.

Viele Autohersteller lassen Mitarbeiter in Versuchshaushalten leben, um zu beobachten, wie Menschen in verschiedenen Kulturen das Auto im Alltag nutzen. So ist man in Indien dank dieser Methode darauf gestoßen, dass Männer niedrige Fahrzeugdecken eher als Hindernis sahen, weil der Turban beim Fahren verrutscht ist. Auch in den USA haben die Menschen ganz andere Vorstellungen von einem Auto. Wenn der Amerikaner so viel Zeit in seinem Wagen verbringt, will er sich darin wenigstens wohlfühlen. Heute bestätigen Autohersteller, dass praktisch kein Wagen auf dem Fließband gleich ist. Jedes Auto ist individuell. Henry Ford sagte einst: „Sie können das Auto in jeder Farbe haben, die Sie wollen. Vorausgesetzt, es ist schwarz!" Heute wäre eine solche Forderung fatal. Wie viele Branchen machen aber heute nichts anderes als das, was Henry Ford einst gesagt hatte?

Auch die Automobilindustrie hat in der Vergangenheit gravierende Fehler gemacht. Lange Zeit lebte sie in ihrer eigenen Welt. Rund 100 Jahre dauerte es zum Beispiel, bis die Autohersteller erkannt hatten, dass auch Frauen Autos fahren möchten. Bald darauf wurden die ersten frauengerechten Autos gebaut. Noch länger dauerte es, bis man entdeckte, dass auch Kinder im Auto mitfahren könnten. Auch daraus zogen die Marktteilnehmer Konsequenzen und integrierten die ersten Kindersitze. Für uns Verbraucher ist das heute fast gar nicht mehr nachvollziehbar, weil es für uns selbstverständlich ist.

Die oben aufgeführten Beispiele zeigen eindeutig, dass es Unternehmen auf dem Markt wesentlich einfacher hätten, wenn sie ihre Kunden in die Entwicklung von Lösungen mit einbinden würden. Wenn wir dieses Know-how auf die alternde Gesellschaft übertragen, dann bedeutet das Folgendes: Bald erwarten die Menschen altersgerechte Fahrzeuge. Darauf muss sich die Automobilbranche einstellen. Autohersteller müssen sich deshalb fragen, ob ihre Autos heute altersgerecht sind. Wie geht die Branche in Zukunft mit der steigenden Zahl dieser Altersgruppe um? Wer ständig fragt, kommt zu neuen Lösungen. Wer den Kunden im nächsten Schritt in den Produktionsprozess mit einbindet, erzielt auf dem Markt bessere Ergebnisse. Diese Erfahrung kann auch Mercedes Benz bestätigen. Mit einer großen Auswahl an Vans geht das Unternehmen ganz auf die Bedürfnisse der Kunden ein. Ob für den Bau, das Handwerk oder die Lieferdienste. Jede Branche findet hier das passende Fahrzeug ganz individuell abgestimmt.

Sie haben sicher schon einmal einen Kaffee von Nespresso getrunken. Vielleicht haben Sie auch zu Hause eine Nespresso-Kaffeemaschine stehen. Auch hier wurde am Anfang das bekannte System auf den Kopf gestellt. Früher wurde eine Kaffeemaschine für viel Geld verkauft und der Kunde konnte sich im Geschäft dann ein oder zwei Sorten Kaffee kiloweise aussuchen. Der Geschmack der Kaffeebohnen ließ aber nach einer gewissen Zeit nach. Doch dann kam der Kaffee-Spezialist und hat den Kaffeemarkt revolutioniert. Bei Nespresso kann sich jeder Kunde seine Lieblingssorte aussuchen. Und er kann zu Hause seinen Gästen den Kaffee anbieten, der dem einzelnen Geschmack am ehesten entspricht. Anders als in den

Packungen bleibt der Kaffee in den Kapseln immer frisch. Bestellen kann er zudem ganz einfach per Telefon oder über das Internet. Nespresso kennt jeden Kunden. Nur wenn der Kunde registriert ist, kann er dort Kaffee ordern. Wenn die Marke wollte, könnte sie noch einen Schritt weitergehen. Jeder könnte sich zukünftig seine eigene Mischung zusammenstellen lassen. Und schon hat jeder seinen eigenen individuellen Kaffee eigens zusammengestellt. In der neuen Kundenära bietet sich das sogar an. Die Kunden könnten mit ein paar Mausklicks ihren individuellen Kaffee online bestellen. Vielleicht greift Nespresso die Idee auf.

IBM hat in einer Studie bestätigt, dass von den drei wichtigsten Quellen für Innovation zwei außerhalb des Unternehmens liegen. Es sind die Kunden und die Geschäftspartner. Allerdings ist die wichtigste Informationsquelle intern gehalten, die Mitarbeiter. Daraus ergibt sich die Reihenfolge: Mitarbeiter, Kunden und dann die Geschäftspartner. Erst danach folgen die Marktforschung, die Entwicklung und alle weiteren Bereiche. Der Technologie-Konzern hatte die Ergebnisse vorgestellt, als mein Buch „Schneller als der Kunde" erschien. Ich habe diesen Ansatz Exnovation statt Innovation genannt. „Ex" für extern, weil es von außen kommt. Im Sprachgebrauch hat sich mittlerweile der Begriff Open Innovation etabliert.

Aus eigener Erfahrung kann ich bestätigen, dass oft erst gegen Ende von Kundenmeetings die Innovation entsteht. Häufig ist es einfach nur ein Satz, der in den Raum geworfen wurde, ohne dass jemand eine Antwort erwartet hatte. Das Gleiche passierte in einem Meeting mit unseren Kunden, als ein Marketingleiter sagte: „Wir denken alle in einer falschen Welt. Heute sollte man Produkte innerhalb 24 Stunden einführen können. High Speed Selling ist heute angesagt." Er hatte es eher als Witz gemeint. Am nächsten Tag kam mein Mitarbeiter zu mir und fand die Idee richtig gut. Ich musste nachfragen, weil ich es schon wieder vergessen hatte. Nach einigen Tagen Recherche hatten wir die Lösung gefunden und einen interaktiven digitalen Verkäufer entwickelt. Wir nennen ihn Salesmonial. Sie kennen ein Testimonial. In Anlehnung daran haben wir unser Konzept Salesmonial benannt. Er ist interaktiv und kann 24 Stunden lang, sieben Tage in der Woche eingesetzt werden. Als wir unserem Kunden die neue Lösung präsentierten, war er begeistert. Vor allen Dingen, weil er gar nicht damit gerechnet hatte, dass wir seine Worte ernst nehmen würden. Er hatte jetzt die Möglichkeit, den dritten Vertriebsweg besser für sein Geschäft zu nutzen. Dementsprechend hatten wir ein neues Geschäftsfeld entdeckt und mittlerweile 70 Produktionen durchgeführt. Jetzt wollen wir die nächste Stufe einleiten und unsere interaktiven Verkäufer individualisieren. Es sind oft die kurzen Sätze der Kunden, die eine Menge bewirken können. Sie müssen aber die Fähigkeit besitzen, zuzuhören. Nur so können ganz neue Projekte, Chancen und Geschäftsmodelle entstehen.

Vor einigen Jahren durfte ich einen Kongress in München eröffnen. Beginn: 9.00 Uhr morgens. Eine Stunde vorher ging ich in den Frühstücksraum des Hotels und beobachtete eine Szene, die sich dort immer wieder vor meinen Augen abspielte. Der gesamte Frühstücksraum war aufgrund des anstehenden Events voller Menschen. Die Teilnehmer wollten in aller Ruhe frühstücken, bevor es losging. Es waren fast alle Tische belegt. Nur an der Fensterfront befanden sich noch freie Plätze, sodass jeder blitzschnell auf die begehrten Tische zusteuerte. Ich war entsetzt! Ich konnte einfach meinen Augen nicht trauen, was sich im Frühstücksraum abspielte. Immer wieder kam es zur Situation, dass die Kongressteilnehmer sich auf die freien Plätze setzen wollten. Und immer wieder wurden sie vom Personal regelrecht verscheucht: „Hier ist bereits für das Mittagessen gedeckt, nehmen Sie bitte woanders Platz!" Das löste zwischen dem Kunden und dem Veranstalter sofort einen Konflikt aus, weil der Gast natürlich antwortete: „Sagen Sie mir bitte einmal, wo ich mich hinsetzen soll! Hier sind doch alle Tische belegt!" Geholfen wurde dem Kunden aber nicht. Stattdessen ging es so munter weiter: Der Gast steuerte auf die freien Tische zu, das Personal verscheuchte ihn und der

Kunde wurde danach stinksauer. Ich zählte mittlerweile rund zehn Angestellte im Restaurant und überlegte mir, was diese Leute ab 9:00 Uhr zu tun haben würden. Dann werden mindestens 300 Kongressteilnehmer den Raum verlassen haben. Ich vermute, bis 12:00 Uhr hätte die Crew genügend Zeit gehabt, um die Tische für das Mittagessen auf- und abzudecken.

Als es endlos so weiterging, ließ ich den Leiter des Restaurants kommen und bat ihn bestimmend, Platz zu nehmen, da er mir signalisierte, dass er jetzt keine Zeit hätte. Ich fragte ihn: „Warum dürfen diese Tische nicht von den Gästen benutzt werden?" Seine Antwort: „Weil diese Tische für das Mittagessen gedeckt sind." In dem Augenblick deutete ich mit der Hand auf eine Szene hin, die sich gerade irgendwo im Raum abspielte. Wieder wurde ein Gast ins Niemandsland der Tischsuche geschickt. Ich fragte ihn, ob er das denn gut fände. „Natürlich nicht!", erwiderte er. Schließlich fragte ich ihn verdutzt: „Warum ändern Sie das dann nicht?" Seine Antwort folgte wieder prompt: „Es ist eine Anweisung meines Chefs!" Damit war die Sache für den Angestellten erledigt.

Als ich an jenem besagten Kongresstag noch einmal nach oben auf mein Zimmer ging, fand ich dort die typische Karte mit der Bitte: „Ihre Meinung ist uns wichtig." „Wirklich?", schüttelte ich mit dem Kopf. Ich erhielt einige Wochen danach vom Kongress-Hotel einen Brief, worin es sich dafür bei mir entschuldigte. Aber es ging ja gar nicht so sehr um mich. Das Schreiben mit der verfehlten Wirkung erinnerte mich an eine sehr typische Einstellung in Deutschland: „Ich arbeite für meinen Chef und nicht für die Kunden!" Diese Szenen haben dazu beigetragen, dass ich ein völlig neues Kundenkonzept entwickelt habe, das die Spielregeln auf den Kopf stellen sollte. Ich entwickelte das Clienting-Konzept und provozierte mit dem Buchtitel: „Das Einzige, was stört, ist der Kunde". Zuerst wurde mein Konzept in Deutschland bekannt, bevor es sich weltweit einen Namen machte, wie unter anderem im fernen China. Doch wir waren leider von dem individuellen Kunden noch Lichtjahre entfernt. Denn auch das hatte ich bereits in meiner Lehre in den Neunzigern prophezeit. Clienting rüttelte damals viele Unternehmer aus ihrem Dornröschenschlaf wach. Prompt bezeichnete das Nachrichtenmagazin „Stern" Deutschland in einem Leitartikel als Servicewüste. Ich argumentierte, dass wir in einem Servicewunderland lebten und der deutsche Kunde sich inzwischen alles gefallen ließe. Der Startschuss für eine weltweite neue Kundenära war damit geschaffen. Ich nenne es: Clienting ersetzt Marketing.

Es stellte sich heraus, dass es tatsächlich mehr als nur ein Trend von vielen war. Es war ein beispielloser Paradigmenwechsel. Ganze Unternehmen rüttelten an ihren Grundfesten, sie stellten altbewährte Regeln komplett infrage und stuften sofort die Kundenzufriedenheit höher als den Profit ein. Wohlgemerkt um mehr Profit zu erzielen. Dieser Prozess ist längst nicht beendet und wird Unternehmen immer vor neue Herausforderungen stellen. Denn wir rasen auf einer Wegstrecke, auf der der Kunde mehr und mehr die Führung und Gestaltung übernimmt. Der Nutzen verdrängt dadurch immer mehr die Werbung. Schon heute verpufft Werbung bei vielen Menschen, weil der heutige Verbraucher viel zu sensibilisiert ist und er die Werbewirkung sofort durchschaut.

Für mich ist Clienting ein ganzheitlicher Ansatz, dessen Prinzipien erläutert werden müssen, damit wir den individuellen Kunden erkennen können. Betrachten Sie es wie einen Rubik's Cube, einen Zauberwürfel, bei dem Sie die Würfelebenen verschieben können. Denn das Zusammenfügen der einzelnen Bausteine ergibt wie bei Clienting eine völlig neue Geschäftsstrategie. Eine Unternehmensstrategie, mit der Sie in völlig neue Märkte aufbrechen können.

Die drei Dimensionen der Kundenorientierung bauen sich so auf: Zuerst wurde er als Verbraucher behandelt, und dann entdeckte man ihn als Kunden, der durch ein gelebtes Partnerschaftssystem viele Vorteile genoss. In Zukunft wird nun der individuelle Kunde das Unternehmen prägen. Clienting wird definiert als der systematische Aufbau, den Kunden durch Beziehungsnetzwerke und persönliche Kontaktnetze näher an das Unternehmen zu bringen. Dazu zählt auch Social Media.

Daraus ergibt sich: Die Beziehungsqualität zum Kunden ist für jede Firmenbilanz der wichtigste Aktivposten. Die Clienting-Prinzipien gehen aber noch weiter. Sie haben mit ihnen die Chance, den Kunden als Verkäufer in die eigenen Lösungen zu integrieren.

MyMüsli macht es vor. Auf der Webseite des Passauer Unternehmens kann der Kunde sein eigenes Müsli nach Herzenslust zusammenstellen. Rund 80 Zutaten stehen ihm dabei zur Auswahl. Alles auf Bio-Basis. Erdbeeren, Feigen oder vielleicht dann doch fein geriebene weiße Schokolade zum Müsli? Der Kunde entscheidet. Bei dem Passauer Unternehmen, das seinen Online-Shop seit 2007 betreibt, ruft keiner beim Kunden an und sagt: „Hallo lieber Kunde, wir möchten Ihnen unsere leckeren Müslisorten vorstellen! Wie gefällt Ihnen das?" MyMüsli lebt andere Werte vor und hat den Spieß einfach umgedreht. Vom Kunden aus hin zum Produkt. Das Unternehmen bietet alle Zutaten und der Kunde entscheidet, worauf er heute oder morgen Lust hat. Außerdem weiß der Kunde selbst, was er wirklich im Alltag braucht. Völlig losgelöst von der Werbung. Hier wird der Kunde gleichzeitig zum Entwickler seiner eigenen Lösung. Die Firma liefert nur die Grundbausteine. Das Fachwort lautet Mass Customization, auf das ich später anhand eines weiteren Beispiels nochmals spezifischer eingehen werde. Die Erfolgsstory ist einfach: Diese Geschäftsidee ist deshalb so gut, weil das Ego bei MyMüsli zu Wort kommen darf. „Ich bin ich!" und „Ich entscheide, was ich essen will!" sind heute zeitgemäße Botschaften, die der Kunde selbstbewusst nach außen sendet. MyMüsli hat dieses Bedürfnis erkannt.

Das Prinzip „Ich wünsche mir das und bekomme es am Ende auch genau so, wie ich es will!" gewinnt auch in anderen Branchen an Fahrt. Zum Beispiel in der Tierfutterbranche. Hier kann der Kunde endlich selbst wählen, was sein geliebtes Haustier fressen darf. „Nicht irgendeins, sondern meins!" prangt auffällig oben links auf der Webseite des Dortmunder Unternehmens Wunschfutter. Dem Besucher soll so deutlich gemacht werden: „Bei uns kriegen Sie nur die Produkte, die Sie wirklich wollen!" Der Anbieter hat den Trend eher durch Zufall erkannt. Die Idee fiel dem Geschäftsführer ein, als er zu Hause seine Hunde fütterte. Vermutlich hat er da die Dinge auf einmal aus Sicht des Kunden bzw. des Hundes wahrgenommen. Völlig intuitiv. Der Unternehmer legte sofort wie elektrisiert los. Seit einem Jahr ist er nun mit individuellen Hundefutter-Angeboten auf dem Markt präsent und erfährt bei seinen Kunden positive Resonanz. Dabei stellt er gleichzeitig fest, dass die Kunden Wert darauf legen, dass das Futter für ihre lieben Tiere aus Deutschland stammt und gesund ist. Der Unternehmer will auch zukünftig an diesem Geschäftsmodell festhalten. Das Timing stimmt. Nun will er so schnell wie möglich auch den Bedarf nach Katzenfutter abdecken. Dabei liegt der Fokus immer konsequent auf den Tieren und deren Bedürfnissen.

In Süddeutschland, bei Nürnberg, sitzt der wohl bekannteste Metzger Deutschlands. Claus Böbel heißt der raffinierte Mann. Doch er ist kein gewöhnlicher Metzger, der nur hinter der Theke steht und darauf hofft, dass die Kunden heute vor Heißhunger auf Wurst den Laden leerkaufen. Er ist ein Macher des heutigen Zeitgeistes, der das Internet mit dem traditionellen Fleischverkauf verknüpft. Kunden können seine Wurst unter anderem im Online-Shop auf www.wurstmixx.de bestellen. Je nach eigenem Geschmack gibt der Kunde vor, was sie enthalten soll. Fragt man den ungewöhnlichen Metzger, ob ein Dasein als Angestellter für ihn überhaupt noch infrage käme, dann antwortet er selbstbewusst: „Das tun und lassen können, was ich will, war einer der Hauptgründe für mich, Metzger zu werden. Ich sah schon zu Schulzeiten in diesem Beruf die Chance, mich selbst zu verwirklichen. Und jetzt bin ich auf dem besten Weg dahin. Wir haben noch viele Ideen, die Metzgerei weiterzuentwickeln. Diese Ideen werden nach und nach umgesetzt." Er sieht darin einen Lebenssinn und lässt seine Ideen mit einfließen. Im Idealfall ändert er irgendwann die Spielregeln der gesamten Branche, wenn er es nicht schon längst hat. Es bleibt spannend!

Beeindruckende Erfahrungen sammelten auch der Ulmer Thomas Stebich und sein Team, die die Seite www.ichbackdich.de betreiben. Besonderen Wert legt er auf individuelle Brotmischungen! Denn eines haben er und seine Crew erkannt: Brot backen ist wie die Beziehung zwischen einem Zeichner und seinem Gemälde. Der Zeichner sieht in seinem Gemälde ein Kunstwerk, das zuerst in seinem Kopf entstanden ist, bevor es auf einer Leinwand umgesetzt wird. Es ist eben „sein" Gemälde und lässt sich nicht vergleichen mit anderen Werken! Das gleiche Prinzip gilt auch für den Hobbybäcker, der sich zu Hause in der Küche mit seinen kreativen Ideen ausprobieren will. In dem Fall gingen die Kunden auf den Unternehmer zu und schlugen vor: „Es wäre schön, wenn Sie mal individuelle Brotmischungen anbieten würden!" Schnell wurde Thomas Stebich hellhörig und erkannte sofort, dass das mehr als nur reine Worte sind. Es ist eine Marktlücke, die sich nun bestätigt. Seit Mitte 2010 sind die individuellen Backmischungen bestellbar. Er berichtet, dass die Kunden schon lange danach gesucht hätten. Doch es gab auf dem Markt keine einzige Lösung für das Problem der Kunden. Bis schließlich Thomas Stebich seine Fühler in die Welt seiner Kunden ausfuhr. Zum Glück wusste der Unternehmer dies sofort für sich zu nutzen. Die Kunden sind sehr zufrieden und daher auch bereit, für die Mischungen weitaus mehr zu bezahlen.

Schauen wir genauer hin, wie das Individuum tickt, so stellen wir fest, dass das Ego sich nach Beziehungen sehnt. Das Individuum will durchaus eine Beziehung zu einer Marke aufbauen. Es will sich mit dem Unternehmen auseinandersetzen und erwartet, dass es seine Meinung immer willkommen heißt. Das ist eine ganz zentrale Aufgabe, die die Marktteilnehmer erfüllen müssen! Viele Experten schlussfolgern daraus, dass Unternehmen ihre Kunden zu Fans machen müssen. Ich bin anderer Meinung: Werden Sie zum Fan Ihrer Kunden. All das sind keine aus der Luft gegriffenen Theorien. Es sind Erkenntnisse aus der Forschung. Wissenschaftler bestätigen, dass der Mensch zwar individuell sein will, aber immer ein Herdentier bleiben wird. Diese Strategie zählte schon immer zu seiner Eigenschaft, um auf dem Planeten zu überleben. Es liegt in seiner Natur.

Damit kommen wir zu einem weiteren Kernelement der Clienting-Lehre: Partner stehen in einer Beziehung zueinander und gehen anders miteinander um. Die Art der Zusammenarbeit wird sich darum auf lange Sicht ändern müssen. In einer gelebten Kundenpartnerschaft werden beide Seiten Vorteile genießen. Der Kunde hat einen verlässlichen Partner und wir haben verlässliche Geschäftsbeziehungen. Die entscheidende Frage auf einer Skala von null bis hundert ist: Wie gut sind Ihre gelebten Beziehungen zu Ihren Kunden? Wie intensiv integrieren Sie die Vorstellungen und Meinungen Ihrer Kunden auch für zukünftige Entwicklungen? Die Frage lautet darum für Sie: Welches Partnersystem hat Ihr Unternehmen? Welche Vorteile genießt Ihr Partner, wenn er dauerhaft bei Ihnen Kunde bleibt? Denken Sie aber stets daran, dass Sie Partnerschaften auch vorleben müssen! Denn Partnerschaft bedeutet nicht, dass der Partner schafft.

Systematisches Beziehungsmanagement ist ein entscheidender Aktivposten, um den individuellen Kunden zu begeistern. Nach unseren Erfahrungen ist Kundenzufriedenheit allein ein zu hoher Risikofaktor. Denn zufriedene Kunden berichten nur das, was sie aus der Vergangenheit heraus kennen. Wenn Unternehmen die Erwartungen erfüllen, ist alles super. Es passiert allerdings nichts beim Kunden, weil er nur das bekommt, was er erwartet hatte. Sie überraschen ihn nicht. Letztlich sind weder Sie noch der Kunde so richtig zufrieden. Auf diesem Gebiet haben Unternehmen bis heute sehr viel Lehrgeld bezahlt, was oft auch daran liegt, dass der Kunde sich nichts vorstellen kann, was er nicht kennt. Denken Sie nur an die Erfolgsgeschichte des iPhones. Keiner kannte diese technische Lösung. Deshalb wurden alle Erwartungen übertroffen.

Dementsprechend ziehe ich folgende Lehre: Zufriedenheit reicht heute nicht mehr aus, um auf dem Markt langfristig zu überleben. Die nächste Stufe für Unternehmen lautet Kundenbegeisterung. Womit begeistern wir unseren Kunden? Mit einer verbesserten Servicequalität oder einem besonderen Service, den er in dieser Form noch nicht kennt. Mit dem Triumph des Individuums ändern sich auch hier wieder die Spielregeln: Je individueller der Service in Zukunft sein wird, umso mehr begeisterte Kunden werden wir haben.

Es gibt aber noch eine dritte Stufe. Auf dieser Ebene geht es nicht mehr darum, wie wir den Kunden begeistern, sondern wie wir ihn verblüffen. Verblüffte Kunden reagieren aus Erfahrung spontan und werden zu aktiven Verkäufern für das Unternehmen: Sie sorgen für Mund-zu-Mund-Propaganda. Wie verblüffen wir unsere Kunden? Indem wir die Grundregeln ändern und ihm etwas anbieten, das er so nicht kennt.

Sie kennen das Prinzip sicher schon: Ein zufriedener Kunde erzählt es drei weiteren potenziellen Kunden. Sobald Sie nur einen dieser potenziellen Kunden als Stammkunden gewinnen, haben Sie Ihren Kundenstamm bereits verdoppelt. Der zufriedene Kunde wird für Sie somit der beste Werbeträger. Je individueller wir uns auf ihn einstellen, umso mehr können wir treue Kundenpartnerschaften aufbauen und weiterentwickeln. Auf diesem Weg können Unternehmen Sog statt Druck erzeugen. Das grundsätzliche Ziel dabei ist es, die Situation des Kunden immer individuell zu erkennen und darauf aufbauend einmalige Lösungsansätze zu entwickeln. Wenn Sie es sogar schaffen, schneller mit der Lösung zu kommen als der Kunde, haben Sie ihn am Ende begeistert und verblüfft.

Unternehmen wie IBM haben es mit ihrem Turnaround unlängst vorgemacht. Der einstige PC-Hersteller befand sich in den 90ern in einer extrem schwierigen Phase, den der gesamte Konzern als Wendepunkt einstuft. Viele Journalisten spotteten über den einstigen Koloss und verglichen ihn mit einem trägen „Brontosaurus", der sich nicht gegen die schnellen Säugetiere Intel und Microsoft durchsetzen konnte. Louis V. Gerstner, der damals als CEO antrat, erhielt von den Medien sogar den Spitznamen „Louis der Letzte". Für viele Beobachter lag der schrumpfende Koloss fast schon im Grab.

Zehn Jahre später, 2002, als Louis V. Gerstner das Amt an seinen Nachfolger übergab, sah die Welt wieder ganz anders aus. Streng genommen befand sich IBM wieder im Unternehmerhimmel. Der Riese war zum führenden Anbieter integrierter Hardware-, Netzwerk- und Software-Lösungen aufgestiegen. IBM verabschiedete sich vom Gedanken, Produkte anzubieten. Dieser Turnaround ging sogar so weit, dass Mr. Gerstner das einst erfolgreiche PC-Geschäft des Konzerns an Lenovo verkaufte! Der Konzern hatte seine Strategie komplett mit all ihren Nachteilen über Bord geworfen und entschied sich seitdem, den Kunden angepasste Lösungen zu bieten. Ab sofort wurden Kundenlösungen in den Mittelpunkt gestellt. Auch hier orientierten sie sich konsequent am Kunden. Sie stellten sich die Frage: „Was will der Kunde wirklich?" Auch die Mitarbeiter mussten sich nach dem Turnaround völlig umstellen. Jeder Mitarbeiter bekam die Aufgabe, als kreativer Problemlöser zu arbeiten.

IBM geht jedoch noch viel weiter, als es der Kunde erwartet. Der Konzern hat das Ziel, immer innovativer zu sein, als der Kunde es erwartet. So begeistert und verblüfft er den Kunden. Das klappt aber nur, wenn es eine intensive und interaktive Beziehung zu ihm pflegt.

Der Riese, der zu alter Stärke fand, kann nur deshalb Lösungen anbieten, weil er permanent mit dem Kunden im Dialog steht. Übertragen auf die neue Kundenära, heißt das für Unternehmen, dass sie viel näher am Kunden dran sein müssen. Sie müssen wissen, wie er denkt und fühlt. Permanent.

Damit Kundenbegeisterung und Kundenverblüffung funktioniert, müssen Unternehmen nach Formen suchen, um diese Faktoren zu erfüllen. Auch hier gibt es viele Möglichkeiten: Sie können Ihre Kunden beispielsweise durch eine interaktive Erlebniswelt verblüffen. Der Schweizer Uhrenhersteller CIMIER hat dies mit einer eigenen Watch Academy gut gelöst. Jeder leidenschaftliche Uhrensammler kann sein Unikat Schritt für Schritt zusammenbauen. Ein Uhrmachermeister weiht ihn in die ersten Geheimnisse ein und begleitet ihn wie ein Professor, der seinem Musterstudenten über die Schulter schaut. Zusammen mit anderen Kunden erfährt er spannende Details über die Fertigungstechniken von Uhren. Das Highlight für ihn bleibt aber der individuelle Touch. Durch die Auswahl des Zifferblatts, der Zeiger und des Armbands verleiht er seiner Uhr eine persönliche Note. Auch eine persönliche Gravur ist möglich. Spätestens, wenn die Uhr fertig ist, wird der Kunde sagen: „Wow!"

Beim US-amerikanischen Unternehmen Build-A-Bear betreten die Besucher keinen gewöhnlichen Laden, in dem sie sich ein Kuscheltier von Hunderten aussuchen. Hier müssen sie in einem Workshop selbst Hand anlegen. Der Kunde wählt zuerst ein Stofftier. Das kann ein Hase, ein Tiger oder ganz traditionell der Teddybär sein. Danach trägt er das Stofftier zur Füllstation und wählt zwischen verschiedenen Füllmischungen. Doch den Kunden erwartet nicht einfach nur Plüschzeug. Jede Füllung trägt einen besonderen Namen wie Liebe, Freundschaft oder Küsse. Außerdem bekommt das Plüschtier noch ein Herz. Auch das Sprechen oder „Happy Birthday!" singen kann man ihm beibringen. Ist der Teddybär erst einmal gefüllt und ausgestattet, bringt ihn der Kunde zur Umkleidekabine und verpasst ihm ein T-Shirt seiner Wahl. Der Kunde sucht sich einen eigenen Spruch aus, der anschließend aufs T-Shirt gedruckt wird. Das Konzept kommt bei Kindern fantastisch an!

Was macht das Konzept von Build-A-Bear so erfolgreich? Es bietet dem Kunden nicht nur ein individuell zusammengestelltes Plüschtier. Der Kunde beteiligt sich am Entstehungsprozess seines Produktes. Er ist interaktiv! Seiner Fantasie sind dabei keine Grenzen gesetzt. Nichts bereitet dem Menschen größere Freude, als wenn er seine Produkte und Lösungen selbst zusammenstellen darf. Das Individuum steht dabei mit all seinen Sinnen und Vorstellungen im Mittelpunkt. Emotionen werden geweckt. Der Kunde ist heute der Prosument! Das heißt, er ist nicht mehr Konsument, sondern auch Produzent. Ein Unternehmen stellt lediglich die Bausteine zur Verfügung. Dieses Konzept der Modularisierung wird als Mass Customization bezeichnet. Auch der Schokoladenhersteller Ritter Sport hat sich diese Möglichkeit für seine Kunden nicht entgehen lassen. In der sogenannten SchokoWerkstatt in Berlin kann man seine eigene Lieblingsschokolade selbst herstellen. Damit ja nichts schief geht, steht ein Chocolatier zur Seite.

Das erste Kapitel hat gezeigt, dass soziale Netzwerke den Nutzern die Möglichkeit bieten, sich selbst darzustellen. Hinter den Erfolgsgeschichten steckt aber noch ein anderes Detail: Es ist wieder die Idee des Prosumenten! Der Nutzer kann beispielsweise seine Lieblingsmusik in Playlisten zusammenstellen, Video-Anbieter abonnieren und sein eigenes Profil anlegen. Diesen Trend hat auch McDonald's erkannt. Beim Fast-Food-Anbieter können Kunden seit einigen Jahren im Rahmen einer Marketingaktion ihren eigenen Burger kreieren. Alle Bauteile dazu finden sie auf der Webseite – und schon geht es los! Burger werden von den Kunden zusammengestellt, und anschließend kann online über die Favoriten abgestimmt werden! Gerade die sozialen Netzwerke werden aufgrund ihrer hohen Reichweite für den Stimmenfang gezielt genutzt. Die Burger mit den meisten Stimmen landen schließlich bei der Jury auf dem Tisch und werden von ihr auf den Geschmack hin getestet. Die Gewinner kommen auf die Speisekarte. Der Kunde wird eingebunden und entwickelt die Lösung. Dank der hohen Beteiligung entsteht wertvolle Nähe zum Unternehmen.

Auch nach einer Produkteinführung nimmt McDonald's die Kundenwünsche sehr ernst. Die Konsumenten werden explizit in die Weiterentwicklung eingebunden. Nach der Markteinführung von BubbleTea wurde dieser immer wieder nach Kundenwünschen verbessert. Seitdem bietet der Fast-Food-Riese den BubbleTea mit weniger Schaum an und veränderte mehrmals die verschiedenen Geschmacksrichtungen. Der Kunde ist in diesem Fall allerdings nur indirekt als Produzent beteiligt. Gut möglich, dass McDonald's bald sein Sortiment um ein halbes Dutzend vegetarische Burger erweitert. Denn auch hier gibt es sicherlich im Sinne vieler Vegetarier Nachholbedarf!

Entscheidenden Einfluss wird das Individuum bald auch auf die TV-Landschaft ausüben. Der Konsument wird in Zukunft immer weiter sein persönliches Fernseh-Programm gestalten können und zum eigenen Fernsehsender werden. Konsumenten werden zu Produzenten. Video-Content-Plattformen und Streaming-Lösungen in Verbindung mit Smart TV sind hier die entscheidenden Faktoren. Smart-TV-Endgeräte können über Applikationen auf online basierte Inhalte und Dienste zugreifen. Das bedeutet, dass die Medien weiter verschmelzen werden und Content für uns immer und überall zur Verfügung stehen wird. Denn wir werden uns auf jedem Smart TV mit unserem Profil einloggen und alle für uns interessanten Videos, Sendungen und Spielfilme abrufen können. Und genau dies ermöglicht neue Strategien für Unternehmen. Das Fernsehen der Zukunft wird persönlicher, vernetzter, sozialer und interaktiver. Werbung, Kommunikation und Entertainment werden in neue Dimensionen vorstoßen, in denen sie den Kunden noch direkter, persönlicher und vor allem interaktiver erreichen können.

In diesem Zusammenhang erfreuen sich auch sogenannte Second-Screen-Lösungen großer Beliebtheit, in denen Tablets oder Smartphones parallel zum Fernsehen genutzt werden. Sie werden in die TV-Formate integriert, indem zum Beispiel Live-Diskussionen oder Gewinnspiele passend zum aktuellen TV-Programm auf den mobilen Endgeräten abgespielt werden. Auch Content, wie exklusive Interviews, spannende Hintergrundinformationen, Serviceleistungen und passende Angebote in mobilen Webshops, steigert vor allem die Interaktivität und Beliebtheit von Sendungen.

Kunden- und Nutzenorientierung werden auf diese Art und Weise ganz neu definiert. Der Kunde wird aktiv in die Werbung mit eingebunden, indem diese nicht nur konsumiert, sondern auch erlebbar gemacht wird. Ein innovatives Beispiel ist die „One Thing"-Kampagne von VW, in der Nutzer im TV Spot dazu aufgefordert werden online folgende Frage zu beantworten: „Wenn du im Leben nur EIN LIED hören, nur EINES essen oder nur EINEN MENSCHEN küssen könntest, welches, was oder wer wäre es?" Als kleines Gadget hat der Wolfsburger Konzern den Musikerkennungsdienst Shazam mit in die Kampagne aufgenommen. Über die Shazam App können User die im TV-Spot gespielte Musik identifizieren. Sie werden dann direkt von der App auf die mobile Landingpage der VW-Kampagne verwiesen, wo sie weiter Fragen beantworten und sich somit ihre eigene Seite und vor allem ihren eigenen "One Film" erstellen können.

Innovative Veränderungen dauern erfahrungsgemäß viel länger, als man erwartet. Für ungeduldige Macher ist die nächste Phase der Kundenorientierung eine Herausforderung. Für die Nachzügler stellt das eine Chance dar, um wenigstens noch auf den letzten Zug aufzuspringen.

Veränderung beginnt bekanntlich im Kopf. Diesen Satz kennen Sie von mir. Der First Mover ist bereit, die neuen Dinge sehen zu wollen und zu können, bevor es die Masse entdeckt hat.

Die beiden Kapitel haben gezeigt, dass heute kein Unternehmen dauerhaft großen Erfolg haben wird, wenn es nur in Produkten denkt. Erfolgsversprechender ist dagegen der Lösungsansatz, der aber auch nur eine Zwischenstufe zum individuellen Kunden darstellt. Die besten Chancen bieten das Denken und Handeln in der dritten Dimension. Gemeint ist die Fähigkeit, dem Kunden besser zu helfen als jeder andere. Was unterscheidet die dritte Dimension von der Lösungsorientierung? Sie setzt an der Wurzel des Unternehmens an, dem Mitarbeitersystem. Die dritte Dimension geht nur über die Motivation und Einstellungen der eigenen Mitarbeiter. Damit bekommt der Mitarbeiter in Zukunft auch einen völlig anderen Stellenwert. Unternehmen werden zu individuellen Erfolgsberatern ihrer Kunden und liefern die Lösungen und Konzepte direkt mit. Diese Fähigkeit ist kaum zu kopieren. Sicher ist es eine weitreichende strategische Entscheidung. Ich bin aber davon überzeugt, die erfolgreichen Firmen von morgen können damit eine Machtstellung erhalten und mit traditionellen Unternehmen der Siegerklasse gleichziehen (mehr dazu im sechsten Kapitel).

Praxisübung – Das dritte ‚i': Interpretieren Sie Ihre Kunden!

Das dritte Kapitel steht für das richtige Interpretieren. Manchmal reicht ein Satz und Sie haben Ihre Chance, mit Ihren Kunden Neuland zu betreten.

Denken Sie dran: Stellen Sie dabei die richtigen Fragen, um auch die Antworten Ihrer Kunden richtig zu interpretieren.

Sie sind dran!

_____

_____

_____

_____

_____

_____

_____

_____

_____

_____

_____

_____

_____

_____

_____

_____

_____

_____

_____

_____

_____

_____

_____

_____

_____

_____

_____

_____

_____

_____

_____

_____

_____

_____

_____

_____

Kapitel 4
Der neue Kunde
Die besten Gelegenheiten ergeben sich dann, wenn man die Grundregeln ändert

Stephan wagt einen kurzen Blick in den Spiegel. Er will sich unbedingt vergewissern. „Mensch, sehe ich heute gut aus!", sagt er zu sich, während seine Augen voller Stolz leuchten! Seine Frisur sitzt perfekt! Auch der maßgeschneiderte Anzug steht ihm richtig gut. Damit kann er sich auf der nächsten Party blicken lassen. Aber das Schmankerl steckt für den Manager aus München unter dem Jackett. Seit 1999 bietet das Unternehmen Cove&Co jedem Kunden die Möglichkeit, dem Anzug eine individuelle Eigenschaft zu verpassen. Das kann das Innenfutter im Anzug sein, zum Beispiel in Grün wie bei Stephan, oder eine ausgefallene Farbe der Naht. Nicht jedes Detail muss übrigens immer von außen sichtbar sein. Allein zu wissen, man trägt einen einzigartigen Anzug, erfüllt Stephan mit großem Stolz! Er ist echt begeistert, was ihm Cove&Co anbietet. Er weiß zwar selbst, dass es irgendwo ein Widerspruch ist. Immerhin wird irgendwann auch ein zweiter Kunde das Gleiche haben wollen. Spätestens dann ist sein Anzug nicht mehr individuell. Aber ehrlich gesagt stört das den Münchner keineswegs. Im Gegenteil! Es ist ein unbeschreiblich angenehmes Gefühl. Darum ist es für den Manager auch kein Problem, mehr zu bezahlen. „Individualität hat einfach seinen Preis", meint der 35-Jährige.

Um die Bedeutung des neuen Kunden für den eigenen Geschäftserfolg weiß Cove&Co schon seit dem Gründungsjahr. Das Unternehmen hat den einzigartigen Kunden von Anfang an in die Unternehmensstrategie mitintegriert. Denn ohne ihn könnte der Anbieter

nicht wachsen. Das Unternehmen hat sich der europäischen Klei-
dungskultur verpflichtet und interpretiert das traditionelle Schnei-
derhandwerk neu. Dabei spielt das Alter überhaupt keine Rolle.
Entscheidend sind einzig und allein Anspruch, Anlass und Persön-
lichkeit. Cove&Co fertigt Kleidung erst auf Nachfrage der Kunden.
Damit kann das Unternehmen sowohl die Kosten großer Lagerhal-
tung vermeiden als auch Mode- und Saisonrisiken verringern.

Viele Menschen nutzen heute ein iPhone oder ein iPad. Was vielen
Besitzern nicht klar ist: Sie haben zwar ein Standardgerät gekauft,
sie halten aber jetzt ein individuelles Gerät in der Hand. Es ist einer
der sehr häufig unterschätzten innovativen strategischen Kunden-
ansätze des Konzerns Apple. Alle Geräte werden zwar im gleichen
Zustand ausgeliefert, doch durch die Apps wird jedes Gerät einzigartig. Selbst wenn der Kunde mehrere iPhones besitzt, ist sein Produkt mit keinem anderen identisch. Sogar wenn eine ganze Familie
sie nutzt, stellt jedes Mitglied fest: Kein Gerät ist gleich. Einfach genial gelöst!

Diese kluge Idee ist jedoch nicht einzig und allein den Machern um
Steve Jobs zu verdanken. Der Konzern aus Kalifornien arbeitet mit
Partnern zusammen, die die einzelnen Apps entwickeln. Die Vorteile, die dadurch entstehen, überwiegen auf der Seite des zurzeit
an der Börse höchst notierten Unternehmens. Es kann so auf jeden Trend reagieren, ohne aus eigener Kraft Ressourcen dafür zur
Verfügung stellen zu müssen. Heute kann der Kunde über ein ge-
schlossenes System jederzeit auf seine Daten zurückgreifen. Egal, ob
er nun hinter dem Steuer sitzt, unterwegs ist oder es sich gerade zu
Hause gemütlich macht. Mit dem Apple Fernseher, dem sogenannten Apple iTV, der vielleicht bald ins Wohnzimmer gelangt, wird der
Kreislauf dann komplett geschlossen sein. Damit hätte der Konzern
die Beziehung zum Kunden perfekt gelöst. Wäre der Buchstabe „i"
nicht bereits besetzt, würde ich es eine perfekte iStrategie nennen.
Der Buchstabe steht in diesem Fall für eine individuelle Strategie.

Am Konzern Apple lässt sich ganz gut erkennen, dass eine Strategie heute ganzheitlich betrachtet werden muss. Der Unterschied zu früheren Strategien ist, dass der Kunde die Führungsrolle innehat. Wer erfolgreich sein will, muss seine gesamte Strategie ganzheitlich am einzelnen Kunden ausrichten. In den Vereinigten Staaten geht man davon aus, dass wir innerhalb der nächsten Jahre ein sogenanntes Client-Leadership erleben werden.

An dieser Stelle ist es mir noch einmal wichtig, zu betonen: Sie müssen kein Genie sein, um mit einer individuellen Kundenstrategie Markterfolge zu erzielen. Es reicht schon, wenn Sie etwas quer denken. Vielleicht kennen Sie den bekannten deutschen Werbefachmann Joachim Bürger, der sich in den 90ern unter anderem mit dem Trilogie-Bestseller „Mann, bist du gut!" einen Namen gemacht hatte. Als ich ihn neulich wiedertraf, fragte ich eher aus Höflichkeit, was seine Geschäfte machen, ohne dabei große Erwartungen zu hegen. Umso mehr war ich überrascht, als er mir davon erzählte, dass er 2011 den Handels-Innovations-Preis gewonnen hatte.

Hätten Sie jemals gedacht, dass es Kunden gibt, die für ihre individuelle Krawatte Zeit und Geld investieren, statt sie einfach von der Stange zu kaufen? Ehrlich gesagt hätte ich darauf nicht gewettet. Joachim Bürger hat in der Essener Innenstadt das Näh – und Stoff-Fachgeschäft ZiC'nZaC aufgemacht, das genau auf dieser iStrategie basiert. Die Zielgruppen sind hier keine Frauen. Es sind unter anderem Männer der oberen Gesellschaftsklasse! Banker, Manager und Architekten. Bei der Branche, die der Investor gewählt hat, wird manch einer wohl die Stirn runzeln und sich fragen, ob denn überhaupt noch genäht wird, wo doch Kleidung an allen Ecken günstig zu erwerben ist. Besonders die Männer unter den Lesern dieser Zeilen haben wohl kaum einen Bezug zum Thema „Nähen". Ganze 95 Prozent aller Menschen können mit dieser Beschäftigung nichts anfangen. Es ist auf den ersten Blick eine tote Branche, deren besten Zeiten längst vorbei sind. Das dürfte auch der Grund gewesen sein, warum die von der Finanzbranche als bleiern bezeichnete Branche in einer Art Dornröschenschlaf verharrte. Marketingleute, die aber genau hinschauen, reiben sich die Augen: Die Branche setzt jährlich allein in Deutschland immerhin 1,3 Milliarden Euro um und umfasst 3.300 Marktteilnehmer - alles einzelne Geschäfte - und keine zentralistisch gesteuerte Filialorganisation weit und breit. Mit anderen Worten: Die Zahlen deuten auf eine unentdeckte Branche, die vor allem komplett abhängig von der Konjunktur ist. Doch auch das stimmt nicht mehr!

Joachim Bürger ist auf eine unentdeckte „Goldader" gestoßen. Das Unternehmen ZiC'nZaC macht bereits 50.000 Euro Umsatz im Monat. Hinter dem Essener Unternehmen stehen nicht etwa junge, „hippe" Leute, sondern ein gereifter Unternehmer meiner Generation – 50 und aufwärts. Ein Mann, der von dem Wunsch getrieben war, statt dem Ruhestand zu frönen, noch einmal eine Handelskette zu begründen. Auch hier wurde das Konzept hin zum individuellen Kunden ideal umgesetzt. Anders als andere. Besser als andere. Unverwechselbarer als andere." Das ist der Slogan von ZiC'nZaC. Doch es geht nicht nur darum, sich „anders" aufzustellen, sondern darüber hinaus auch darum, den Zeitgeist, den Zielgruppengeschmack, die Mentalität der Zielgruppe und sogar den zu erwartenden Generationswechsel zu treffen. Wer diese Faktoren ignoriert, wird heute von den Verbrauchern als eine langweilige Firma eingestuft, die in ihrer eigenen Welt lebt und sich am Zeitgeist von gestern orientiert. Man kann sich so gut vorstellen, welches Ausmaß das für jedes nicht angesagte Unternehmen haben kann. Dementsprechend schreibt sich ZiC'nZaC eine Firmenphilosophie ganz groß auf die Fahne: „Wir verkaufen keine Näh-Utensilien. Wir verkaufen Lifestyle!"

Vorgefunden hat unser „Existenzgründer" eine große Anzahl an Geschäften, die oft im Stile der siebziger Jahre verharren und in denen schöne Stoffe überwiegend in schlechtem Ambiente angeboten wurden. Dazu kam die in sich „abgeschottete" Branche der

Nähmaschinen-Fachgeschäfte, in denen Feinmechaniker Beratung, Verkauf und Reparaturen durchführen – so etwa im Stile von Fahrrad-Fachgeschäften traditioneller Prägung. Doch die Branche hat zu dem Zeitpunkt nur marginal erkannt, dass Nähen zwischenzeitlich ein Trend bei jungen Frauen geworden ist. Zwischenzeitlich wurde es sogar zum Hobby vieler junger Männer! Im Zentrum der ganzen Shop-Philosophie steht der einzelne Mensch. Es ist der individuelle Kunde. ZiC'nZaC führt insgesamt zwölf Geschäftsfelder, die zu einem ganzheitlichen Synergie-Konzept zusammenschmelzen. Jedes einzelne Geschäftsfeld wurde entsprechend individualisiert, indem jede Leistung kundenorientiert, modern und außergewöhnlich strukturiert ist. Durch die Einzelleistung der einzelnen Geschäftsbereiche wird der Kunde dazu animiert, sich im Geschäft immer weiter in neue Servicebereiche voranzutasten. Wer einen Näh-Kurs besucht, braucht dafür aus allen Abteilungen Materialien, wie Stoffe, Knöpfe, Fäden. Die Nähmaschine, an der er ausgebildet wird, wird auf Dauer sein Favorit bleiben, sodass hier erste Kaufüberlegungen entstehen. Vor dem Kauf bietet sich dem Kunden die Gelegenheit, die Maschine vor Ort im Näh-Café zu mieten. Dort – im Näh-Café – lernt er wiederum Gleichgesinnte kennen, mit denen er sein Hobby gemeinschaftlich ausüben kann. Auf diese Weise wiederum entstehen Gruppen von Stammkäufern, die regelmäßig die Kommunikation über ZiC'nZaC pflegen. Schon an diesen wenigen Beispielen erkennt man, wie der Gründer sein Konzept entwickelt hat, um den Kunden in eine zwischenmenschliche Erlebniswelt zu führen. Zu den zwölf Geschäftsfeldern des Unternehmens zählt auch die sogenannte LesBAR. Auch hier steht der Mensch im Mittelpunkt des Marketings. Alles, aber auch alles, was die Hobbyschneiderin an Information und Inspiration benötigt, ist in der LesBAR erhältlich. Zudem findet der Kunde dort Schnittmuster für die neuesten Trends sowie die eine oder andere Insider-Postille aus dem modischen Underground der Mode-Metropolen. Beim Essener Unternehmen geht es nicht ausschließlich um das Nähen. Wenngleich sich hier Menschen treffen, die Spaß an dieser Tätigkeit haben und es als Hobby sehen.

Bei ZiC'nZaC dient das Nähen vielmehr der persönlichen Individualisierung. Es ist die pure Selbstverwirklichung: Hier triumphiert das Individuum. Aus meiner Sicht stellt das Unternehmen ein Paradebeispiel dar, weil ZiC'nZaC bei der individuellen Krawatte nicht aufhört, sondern ein ganzes Geschäftsmodell drumherum konsequent aufbaut. Das Konzept ist sehr gut durchdacht und geht sehr ins Detail. Hinzu kommt, dass das Unternehmen beim Kunden einen Überraschungs- und Verblüffungseffekt auslöst, weil die wenigsten diese Lösung kennen und die Kunden das Geschäft mit einer völlig anderen Erwartungshaltung betreten. Die von Joachim Bürger konzeptionierte iStrategie beweist, wie schnell man mit einer solchen Unternehmensausrichtung einen gesättigten oder schrumpfenden Markt komplett neu aufrollen kann

In der Hotelbranche, die seit Jahren ein sehr hart umkämpfter Markt ist, sehe ich in einer iStrategie die Lösung für die derzeitigen Herausforderungen. Denn immer mehr Online-Anbieter werden für die stationären Hotels zu einer ernst zu nehmenden Konkurrenz. 80 Prozent des deutschen Hotelmarkts bestehen aus Einzelhotels, während die geführten Hotelketten nur 20 Prozent der gesamten Branche ausmachen. In Österreich sieht die Marktsituation für viele Wettbewerber sehr ähnlich aus. Viele Hotelbetreiber klagen über wenige Kunden. Es gibt aber auch Hotels, die entgegen der schlechten Marktsituation ganz gut dastehen. So zum Beispiel das österreichische Hotel Stock, das schon seit Jahren konsequent seinen eigenen Weg geht. Die Umsatzzahlen sind so gut, dass es Kollegen aus anderen Hotels praktisch gar nicht glauben wollen. Auf das ganze Jahr verteilt, verbucht das Hotel eine Auslastungsquote von 92 Prozent und registriert unter Kunden eine Weiterempfehlungsquote von fast 99 Prozent. Außerdem ist auch die Stammkundenquote enorm. Schaut man hinter die Kulissen, erkennt man auch hier bereits, dass der individuelle Kunde die zentrale Rolle spielt.

Unternehmen, die ihre Kunden verblüffen wollen, brauchen ein System, das sie zuvor detailliert entwickelt haben. Das Hotel Stock in Österreich war auch hier sehr kreativ: Meine Frau und ich gingen runter zum Candle-Light-Dinner. Dazu muss man vorher wissen: Meine Frau ist Linkshänderin und so war auch der Tisch entsprechend gedeckt. Die Überraschung war allerdings groß, als der Kellner meine Frau fragte: „Entschuldigung, Sie sind doch Linkshänderin! Trinken Sie das Glas Wein auch mit links oder lieber mit rechts?" Als Kunden waren wir beide völlig überrascht, da der Kellner neu war und wir mit solch einem detaillierten Kenntnisstand über uns nicht gerechnet hatten. Dahinter steckt ein ausgeklügeltes System! Denn das Hotel besitzt detaillierte Informationen über seine Gäste. Nur so konnte auch ein neuer Kellner einen perfekten Service bieten, weil er die nötigen Informationen über uns verinnerlicht hatte.

Sie sehen: Auch der Mitarbeiter muss in eine individuelle Strategie integriert werden, damit Kundenverblüffung gelingt.

Um solch eine Kundenstrategie erfolgreich umzusetzen, erfordert es einen völlig neuen Ansatz. Neben dem Kunden sind die Mitarbeiter und die Partner die wesentlichen Bestandteile des Systems. Ab sofort gibt es zwischen Kunden und Unternehmen keine Grenzen mehr. Die neuen Technologien unterstützen uns dabei, für den einzelnen Kunden neue Service-Leistungen anzubieten. Akzeptiert man den strategischen Ansatz, dass der Kunde für die zukünftige Geschäftsentwicklung der zentrale Ausgangspunkt ist, dann muss die neue Kundenstrategie heute in sechs Schritten erfolgen. In einer Zeit, die sich zunehmend durch die Reizüberflutung an Informationen kennzeichnet, wird gerade das Wissen über den einzelnen Kunden einer der entscheidenden Schlüsselfaktoren sein. Dabei müssen wir uns immer wieder folgende Frage stellen: Was wissen wir über unsere Kunden? Wie gut kennen wir unsere Kunden wirklich? Können wir auch unsere Daten jederzeit und ohne großen Aufwand aktualisieren?

Wie wichtig die Aktualisierung der Kundeninformationen ist, belegt ein unangenehmes Erlebnis, das mir vor Jahren widerfahren ist. Mir wurde kurz vor dem einjährigen Jubiläum mein Auto aus einer verschlossenen Garage gestohlen. Für meine Familie und mich war das ein Schock. Noch viel schlimmer war es für uns, dass sich der Vorfall direkt vor unserem Schlafzimmerfenster ereignet hatte. Wir erhielten einige Tage darauf einen Brief der Autofirma, die mir anlässlich des einjährigen Jubiläums meines Neuwagens gratulierte. „Wir wünschen Ihnen mit Ihrem Auto weiterhin viel Fahrvergnügen!" Sie können sich sicher vorstellen, dass ich darüber nicht gerade begeistert war.

Heute gibt es unter anderem CRM-Systeme, die in der Lage sind, möglichst viele detaillierte Informationen zu verarbeiten. CRM

steht für Costumer-Relationship-Management. Die Software er-
laubt es uns, in Sekundenschnelle auf die individuellen Informationen unserer Kunden zuzugreifen. So kann dann auch zum Beispiel
ein Kellner schnell und einfach erfahren, ob ich Links- oder Rechts-
händer bin. Später können Sie darauf aufbauend immer detaillierte-
re Angebote entwickeln und eines Tages nur für Ihren Kunden das
passende Angebot zusammenstellen. Der Effekt wäre enorm, weil
sie ihm so das positive Gefühl vermitteln, einzigartig zu sein. Und
schon haben Sie ihn dank einfacher Methoden verblüfft.

Im Frühsommer 2012 rast der Australier Mark Webber mit seiner Red-Bull-Rennkiste voller Freude über die Ziellinie. Ein brei-
tes Grinsen huscht über sein Gesicht. Soeben hat er den Formel-1
Grand Prix in Silverstone, England, gewonnen. Wie jeder Rennfah-
rer dreht er noch eine Ehrenrunde und winkt dem Publikum zu, um
seinen Dank zu demonstrieren. Doch mit seinem Wagen stimmt etwas nicht! 25.000 Menschen schleift Webber mit sich, die sich auf
seinem Flitzer tummeln. Ein kleines Baby namens Philipp grinst den
Zuschauer an und streckt seine rechte Hand in die Luft. Es wirkt so,
als wolle es ein Peace-Zeichen machen.

Eine brünette Frau wiederum, vermutlich Mitte 20, spitzt ihre Lip-
pen und wirft einen frechen, leicht erotischen Blick in die Kamera.

Der Red-Bull-Rennstall nennt die Aktion „Faces for Charity". Hier
zeigt sich, dass sich eine iStrategie auch für Wohltätigkeitszwecke
eignet. 25.000 Fans hatten im Juni die Möglichkeit, mit einem eigens hochgeladenen Foto ein Wochenende lang Co-Pilot zu werden.
Wer 15 Euro spendete, konnte sich eine der 25.000 Werbeflächen
auf dem jeweiligen Rennauto der beiden Piloten des Rennstalls sichern und so Teil des Teams werden. Egal, ob nun ein Foto von der
Oma oder dem Hund hochgeladen wurde. Man hatte die freie Auswahl! Selbst Paare durften ein gemeinsames Foto hochladen und
hoffen, dass ihr Foto auf einen der Rennwagen lackiert wird. Der ge-

samte Erlös ging am Ende an „Wings for Life", eine österreichische Stiftung, die sich für die Rückenmarkforschung für querschnittgelähmte Menschen einsetzt. Die Idee dahinter war der einzelne Fan. Das Red-Bull-Team hatte diese Marketing-Aktion zum ersten Mal vor einigen Jahren durchgeführt, schon da kam das Projekt bei vielen Teilnehmern gut an. In Frühsommer 2012 waren es sogar mehr als 60.000 Menschen, die sich beworben hatten. Am Ende sammelte der Rennstall durch diese individuelle Strategie eine Million Euro.

Die Fans lieben solche Aktionen, weil sie sich präsentieren können. In Ansätzen würde ich sogar behaupten, sie sind interaktiv. Denn die Spendenaktion lebt von der Idee, den Kunden miteinzubeziehen. Der Kunde darf sich mit seinem eigenen Foto darstellen und sein Ego befriedigen. Der Organisator gibt ihm so gut wie keine Vorgaben. Wir können also sehen: Mit der neuen Kundenphase des Individuums müssen Unternehmen mit ihrer Kundenstrategie ab sofort noch viel weiter gehen als bisher. Denn eine zeitgemäße innovative Kundenstrategie holt den Kunden jetzt noch viel näher ans Unternehmen. Das Beispiel zeigt, dass jetzt die Zeit reif ist, mit solchen Konzepten Erfolg zu haben. Das Individuum triumphiert und wird alles tangieren. Die Familie, Unternehmen und die Weltmärkte. Die Spendenaktion „Wings for Life" beweist es bereits.

Fragen Sie sich darum: Was ist jetzt wichtig, um diese Form der Partnerschaft zu integrieren? Wie oft haben Sie Kontakt zu Ihren Kunden? Bieten Sie eine Kunden-Akademie an, damit Ihre Kunden von der Beziehung zu Ihnen profitieren? Haben Sie einen Kundenbeirat oder einen Kundenkongress ins Leben gerufen? Wie viel Mitspracherecht besitzt Ihr Kunde? Darf er Vorschläge machen? Die Zeit ist mit der neuen Stufe der Kundenorientierung reif, um mit dem Kunden in einen permanenten Dialog zu treten. Was sind die Mittel und Wege dafür? In der Zeit der größten Bankenkrise, die vor allem die Lehman Brothers erwischte, sollte ich für die Führungskräfte einer der großen deutschen Banken einen Vortrag halten. Das Thema:

Wie geht man in einer solchen Situation mit dem sensiblen Kunden um? Danach sollte eine Podiumsdiskussion stattfinden, zu der ich ebenfalls eingeladen war. Sehr schnell entwickelte sich allerdings die Diskussion in eine völlig andere Richtung. Ich stellte immer mehr fest, dass es plötzlich nicht mehr um den Kunden ging, sondern um die Führungskräfte, die gerade im Raum saßen. Mit einem Male ging es um die notwendigen Informationen für die Manager, damit sie ihre Kunden aufklären konnten. Im Laufe des Abends kristallisierte sich heraus, dass sich weder die Kunden noch die Führungskräfte ausreichend informiert fühlten. Die Vorstandsrunde konnte die Heftigkeit der Reaktionen allerdings nur schwer nachvollziehen. Und so gipfelte es in der Aussage eines Mitglieds der Podiumsrunde: „Ich verstehe das gar nicht! Unsere Kunden kriegen doch regelmäßig Informationen per E-Mail und Sie auch. Das müsste doch reichen." Je länger alle Teilnehmer über die Ursachen grübelten, wurde allen im Raum klar: Es reicht offensichtlich doch nicht.

Der entscheidende Satz, um die Lösung vorwegzunehmen: Wir brauchen Dialoge. Wir müssen miteinander reden. Darum muss es das Ziel sein, den Kunden in unseren gesamten Prozess mit einzubinden. Die Lösung für die Geschäftswelt von morgen ist der integrierte Kunde. Nur so können Unternehmen wachsen. Nach den ersten beiden iStrategie-Schritten – (i)dentifizieren und (i)ntegrieren – lässt sich daraus der nächste Schritt ableiten. Der Kunde wird jetzt zum Impulsgeber. Wie es General Electric als eines der Unternehmen bereits erfolgreich vorgemacht hat, müssen wir nun lernen, die Wünsche, Träume und Motive richtig zu (i)nterpretieren.

Unsere Aufgabe besteht im nächsten Schritt darin, die Lösung zu entwickeln. Wie schon erwähnt, können Produkte heute ein K.-o.-Kriterium sein. Am besten gibt es nur zwei Alternativen: der lösungsorientierte Ansatz und die in diesem Kapitel beschriebene iStrategie. In beiden Fällen kommt man aus der Vergleichbarkeit raus. Beide Ansätze lassen sich natürlich kombinieren, was den

Erfolg in der kommenden Geschäftswelt noch einmal erhöht. Die persönliche Erfahrung aus vielen Diskussionsrunden, bei denen ich Moderator war, bestätigt ganz klar eines: Es gibt genügend Ideen für individuelle Kundenlösungen. Vielen Teilnehmern mag das oft zu simpel klingen. Aber zuhören und die Empathie, sich auf die Kundenwelt einzustellen, ist die unabdingbare Voraussetzung für erfolgreiche Geschäfte. Häufig hatte ich den Eindruck, dass so manches Unternehmen gar nicht auf die Kundenwelt eingehen wollte. Man befand sich zu sehr in der eigenen Produktwelt. Denn es war die Komfortzone, die sie jahrelang um sich herum aufgebaut hatten. Darum kann ich hier noch mal wiederholen: Es ist auch eine Glaubensfrage. Nur wer überzeugt davon ist, dass die nächste Erfolgsstufe der individuelle Kunde ist, wird bereit sein, sich für die Ideen seiner Kunden zu öffnen. Auch wenn die Lösung nicht sofort auf dem Tisch liegt, auf lange Sicht lohnt sich die Ausdauer. Kunden, Zulieferer und Partner ergeben hier eine konstruktive Form der Zusammenarbeit, die schon beginnt, bevor das Produkt oder die Lösung überhaupt fertig ist. Den ersten Pflock setzt sie im wichtigsten Bereich: im Kopf des Kunden. Wenn wir annehmen, dass die Dominanz des Kunden weiter zunehmen wird, dann haben wir hier das First-Mover-Modell zukünftiger Marktgestaltung. Und falls es die Lage von Ihnen erfordert, können Sie mit mithilfe von Exnovation das eigene Kerngeschäft sogar erweitern.

Das Beispiel von Joachim Bürger zeigt noch einmal die Chancen auf, wie Unternehmen durch individuelle Lösungen neue Geschäftsfelder aufbauen können. Hätten Sie jemals gedacht, dass eine Nähmaschine die Farbe eines grauen Porsche haben könnte? Oder bevorzugen Sie als stolzer Ferrari-Fahrer dann doch ein Rot? Seit Mitte 2012 hat ZiC´nZaC – getreu der Devise „Trendy.Stylish.Hip" – eine weltweite Neuheit integriert, die es in dieser Form bisher noch nie gab. Dr. Bürger – ein Urgestein der Autobranche – fragte sich irgendwann, warum in aller Welt nur Autos getunt und individuell lackiert werden. Seine „wilde" Theorie: Warum werden nicht Nähmaschinen individualisiert, sodass die Ehefrau die Nähmaschine in der Farbe des Porsches vom Ehemann bekommen kann: Das klingt zunächst einmal verrückt. Im ZiC´nZaC-Angebot hat sich das aber zum Renner unter den Kunden entwickelt. Das Ganze heißt SE-Wnique®-Collection-handmade by ZiC´nZaC und funktioniert mit dem Wasser-Transferdruck-Verfahren. Eine Technik, die sonst nur bei Auto-Veredlern angewendet wird. Die Nähmaschinen werden demontiert und einzeln per Tauchverfahren individuell und dauerhaft beschichtet – dabei kommt eine sensationelle Optik heraus, die Ihresgleichen sucht. Auch hier erkennt man: Es wird im Näh-Szene-Store alles unternommen, um die Individualität hervorzuheben.

Zusammengefasst sehen die ersten drei Schritte der iStrategie so aus: Zuerst müssen Sie Ihren Kunden (i)dentifizieren, dann müssen Sie ihn (i)ntegrieren und schließlich (i)nterpretieren. Die ersten drei Schritte bereiten den Weg zur individuellen Kundenstrategie vor und bilden das Fundament, auf der die iStrategie basiert. Der nächste Schritt für Ihr Unternehmen ist jetzt die (i)ndividualisierung für den Kunden. Schon kurz vor dem Kaufprozess muss er das Produkt oder die Lösung als einzigartig empfinden. Er muss das Gefühl haben, das ist meins. Nicht deins! Es ist nicht mehr ein Standardprodukt.

Die Individualisierung ist heute durch die neuen Technologien möglich. Mit dem Aufkommen des Internets und der künstlichen Intelligenz gewinnt der individuelle Kunde jetzt an Fahrt. Ich bin überzeugt davon, wir befinden uns noch am Anfang dieser Entwicklung. Gerade deswegen muss jedes Unternehmen diese Chance sofort nutzen. Denn in einigen Jahren ist der Markt besetzt und die Gewinnchancen schrumpfen. Dann wird man die Spielregeln wieder ändern müssen. Jetzt bietet der individuelle Kunde für alle Beteiligten die größte Chance, neue Märkte zu erobern. Nicht erst in einem Jahr! Auch nicht morgen, sondern heute! Für die First Mover, die sich schon jetzt konsequent am individuellen Kunden orientieren, kann so eine neue Monopolstellung entstehen. Ich bin überzeugt davon, dass in Zukunft die Marktteilnehmer mit einer solchen Strategie ganze Branchen zerstören werden und mit ihrer individuellen Kundenstrategie den Markt revolutionieren. Die First Mover werden große Gewinne einfahren, weil sie einen Markt ganz anders sehen als andere.

Als ich in den Neunzigern die Clienting-Thesen aufgestellt hatte, ging ich davon aus, dass sie nur für ein paar Branchen gelten. Nach zehn Jahren wurde jedoch bewiesen, dass Clienting sich in fast jeder Branche für den Geschäftserfolg erfolgreich umsetzen lässt. Aus dieser Erkenntnis heraus bin ich überzeugt davon, dass sich eine iStrategie für jede Branche eignet. Jedes Unternehmen wird sich mit dem individuellen Kunden intensiv beschäftigen müssen, weil man an ihm nicht mehr vorbeikommt. Auch die Massenhersteller, die es vielleicht heute rigoros ablehnen, werden schon morgen zu den Marktteilnehmern gehören, die eine iStrategie umsetzen. In zehn Jahren wird sich eine solche Strategie fast überall durchsetzen – und wie schon erwähnt auch in Unternehmen einzelner Branchen, die heute noch Massenprodukte herstellen. Damit eignet sich die Ausrichtung für alle!

Für eines meiner vorherigen Bücher musste ich die letzte Fassung vor der Produktion auf einem Tablet lesen. Als ich allerdings feststellte, dass das Lesen von E-Books sogar Vorteile bietet, war ich von den Möglichkeiten schier begeistert. Beispielsweise brauche ich zum Lesen eines Buches immer eine Lesebrille. Manchmal habe ich sogar den Eindruck, dass ich fast zwei brauche. Als ich das E-Book in den Händen hielt, konnte ich die Schriftgröße nach meinem Belieben einstellen. Anders gesagt: Die Brille war gar nicht mehr notwendig. Ich konnte mir Notizen anlegen, Merklisten festlegen – und auf einmal war es mein individuelles Buch.

Ich vermutete, dass dieser Markt gigantisch sein muss. Nachdem ich mich intensiver mit dem Markt beschäftigt hatte, besonders was die

Verkaufszahlen in den USA betrafen, war ich überzeugt: Das ist der Markt der Zukunft. Heute werden in den Vereinigten Staaten bereits 20 bis 25 Prozent der Bücher als E-Book-Ausgabe gekauft. Tendenz rapide steigend. Der deutsche Markt erwartet ebenfalls gigantische Zuwachsraten. Einen Vorgeschmack darauf, was uns erwartet, gab uns Mitte 2012 das Bestseller-Buch „Shades of Grey" des Selfpublishing-Trios E. L. James, Andrea Brandl und Sonja Hauser. Es war übrigens die digitale Ausgabe, die am häufigsten gekauft wurde. Über 1.000 Leser haben das Buch auf amazon.de bislang rezensiert (Stand Oktober 2012). Experten beobachten, dass dieses von Journalisten wegen der Prüderie kritisierte Buch dem deutschen E-Book-Markt noch einmal einen kräftigen Schub gegeben hatte. Laut aktuellen Schätzungen wird der deutsche E-Book-Markt in den nächsten Jahren auf über 500 Millionen Euro steigen. Eine aktuelle Bitkom-Studie belegt, dass sich immerhin schon 25 Prozent der Deutschen vorstellen können, zugunsten von digitalen Büchern auf gedruckte Bücher zu verzichten (Stand 2012). Darum war mir sofort klar, dass hier die große Chance steckt. Begeistert und chancenorientiert, wie ich bin, rief ich noch am selben Tag meinen Verlag an und erhielt sofort einen Dämpfer. E-Books in Deutschland seien völlig uninteressant, sagte der Verlag zu mir. Mit einem Prozent Marktanteil solle ich ihn doch am besten schleunigst vergessen. Erst nach massiven Diskussionen erschien dieses Buch zeitgleich auch als E-Book-Variante. Danach habe ich für mich die Entscheidung getroffen, zukünftig als eigenständiger Verleger aufzutreten. Vor allen Dingen, weil Amazon mit den eigenen Kindle-Readern es jedem Autor ermöglicht, keine Bücher drucken zu lassen. Kindle Reader sind die Lesegeräte, mit denen die Verbraucher ein elektronisches Buch lesen können. Jeder Einzelne kann also sein Buch in Zukunft als E-Book-Variante selbst produzieren und publizieren, ohne einen Vertrag mit einem Verlag abschließen zu müssen. Kindle-Direct-Publishing (KDP) nennen die Macher des riesigen Versandhauses das System. Heute beträgt der E-Book-Marktanteil immerhin schon zwei Prozent (September 2012).

Die ersten KDP-Autoren in den USA haben damit bereits Millionen eingespielt. Hier arbeiten wir noch dran. Zwar lassen die Millionen noch auf sich warten, aber es hat auch gute Seiten hervorgebracht: Erst auf diesem Wege haben wir bereits eine digitale Buch-Innovation eingeführt. Neben E-Books produzieren wir auch sogenannte Video-Books. Diese Formate enthalten, wie der Name schon sagt, neben Text auch insbesondere Video-Elemente. Es ist eine völlig neue Form der Wissensvermittlung, die damit in Gang gesetzt wurde. Ich bin überzeugt, der Buchmarkt wird innerhalb der nächsten Jahre eine dramatische Revolution erleben, bei dem die meisten Verlage auf der Strecke bleiben werden. Amazon arbeitet bereits an der nächsten Stufe. In den USA laufen die ersten Tests. Die Grundidee: Bücher werden nur noch elektronisch als E-Book angeboten. Will der interessierte Kunde dieses Buch lieber als gedruckte Variante haben, zahlt der Kunde einfach einen Aufpreis und schon bekommt er die Druckversion als produziertes Einzelexemplar nach Hause geliefert. Damit wird das Buch nur für ihn einmalig gedruckt. Amazon nennt diesen Service „CreateSpace".

Man kann sich schon jetzt vorstellen, was das bedeutet. Als Kunde mit meinen eigenen Wünschen entscheide ich selbst, welches Format ich fürs Lesen bevorzuge. Bald werden auch wir individuelle Bücher herausgeben, denn wir sehen darin einen sehr spannenden Markt. Auch der Leser ist individuell. Einen Anbieter dafür haben wir schon. Bald könnte der Kunde also sein eigenes Buch mit seinem eigenen Inhalt erhalten. Unter Verlagen könnte dies eine Schockwelle auslösen, da deren ökonomisches Denken erst jenseits der 3.000-Auflage anfängt.

Meine Prognose: Der Buchmarkt wird in Zukunft eine Eins-zu-eins-Produktion mit individuellen Inhalten. Damit wird auch in dieser Branche das Individuum triumphieren, ob nun als Autor oder als Leser. Für den lokalen Buchhandel ergeben sich dadurch spannende Geschäftschancen, an die heute noch keiner denkt. Man könnte eines Tages dem Leser Bücher mit einem individuellen Cover anbieten. Er wählt sein Buch über das Internet und kann es dann auf der Webseite des lokalen Buchhandels persönlicher gestalten lassen. Wenn der Kunde ein Karrieretyp ist, könnte er zum Beispiel sein Cover nach seinen Vorstellungen aufwerten lassen. Vielleicht will er, dass das Buch sehr edel erscheint. Gegen einen kleinen Aufpreis enthält das Buch auch ein Original-Autogramm des Autors. Hier ergeben sich völlig neue Möglichkeiten, damit die Leser die Bücher ihrer Lieblingsautoren persönlicher gestalten lassen können.

Auf www.wolkenwerke.de können sich die Kunden bereits ein personalisiertes Kinderbuch kaufen. Für die Familie ein wirklich tolles Erlebnis. Soll der Opa in der Gutenacht-Geschichte vorkommen oder lieber die Mama? Oder vielleicht dann doch der kleine freche Bruder, der gegen einen Drachen aus der Nachbarschaft kämpft? Auch hier gilt: Der einzelne Kunde entscheidet. Alles, was ihm gefällt, wird in eine Geschichte verpackt und erhält eine Dramaturgie. Rund 60 Euro kostet so ein Buch für die Kids, die sich vor Staunen die Augen reiben, sobald sie hören, dass der Opa im personalisierten Buch wie Superman durch die Lüfte flitzt. Die Unternehmerin Stefanie Wacker hält den individuellen Kunden für sehr wichtig. Sie sagt, es gäbe schon einige Konkurrenten auf dem Markt. Was hier aber zählt, ist die individuelle Story, für die der Kunde gerne mal seine Geldbörse erleichtert. Das Buch symbolisiert für den Kunden und seine Familie einen Wert. Denn ein individuelles Produkt wie dieses vermittelt ihm das Gefühl, dass das Buch direkt für die Kinder geschrieben wurde. Die Kleinen werden es lieben! Um die personalisierten Bücher zu produzieren, arbeitet Stefanie Wacker mit einem Verlag zusammen. Ob das Geschäftsmodell mit individuellen Büchern nachhaltig ist, kann sie nicht sagen. Das wird sich erst in den nächsten fünf bis zehn Jahren zeigen. Vielleicht nimmt die Nachfrage nach individuellen Kinderbüchern sogar zu. Doch für die Unternehmerin aus Stuttgart zählt erst einmal das Hier und Jetzt. Das Geschäft läuft gut. 2009 hatte sie angefangen und 2010 ihren Umsatz um 30 Prozent gesteigert. Das ist das Wichtigste. Die Zukunft wird zeigen, wie erfolgversprechend das Geschäft mit dem individuellen Kunden in dieser Nische sein wird. Auf Werbung könne sie jedoch niemals verzichten, erklärt sie. Immerhin sei ihre Dienstleistung erklärungsbedürftig.

Der Kunde wird die Vorteile der Individualisierung konsequent nutzen, je mehr er erkennt, dass individuelle Lösungen dank neuester Technologien möglich sein werden. Ja, ich bin sogar sicher, er wird es voraussetzen. Unternehmen, die seine Erwartungen nicht erfüllen, fallen sofort durchs Raster. Und schon wandert der Kunde zur Konkurrenz ab, die ihm genau das anbietet, was er will. Das wird das Motto der Zukunft!

Nehmen Sie sich bitte eine Minute Zeit und denken Sie darüber nach: „Was wäre denn für Sie so einzigartig?" Was würden Sie nur allein als Original haben wollen? Sie werden feststellen: Es ist ein gutes Gefühl, ein Unikat zu haben. Es ist für jeden Menschen ein gutes Gefühl, zu wissen: „Ich habe etwas, was ich nur für mich habe. Es ist einzigartig, weil es nur mir gehört und niemand anderem." Kein Mensch wird es so schnell wieder hergeben wollen.

Im Vergleich mit dem individuellen Kunden ziehe ich gerne eine Parallele zur ersten Phase der Clienting-Entwicklung. Auch damals in den Neunzigern war für viele Unternehmen Kundenorientierung ein Stiefkind. Als die ersten Unternehmen anfingen, dem Erfolgsfaktor Kunde eine ganz andere Rolle zuzugestehen, war oft die Marktführerschaft nicht mehr weit entfernt.

Die jetzige Kundenära unterscheidet sich allerdings von den Neunzigern dramatisch. Damals fingen die ersten Unternehmen an, dem Kunden höchste Priorität zu schenken. Der Kundenservice wurde verbessert, man ging mit seinen Klienten anders um und man erklärte ihn zum König. Heute ist der individuelle Kunde aber weitaus mächtiger als der normale Kunde vor zehn oder zwanzig Jahren. Das Dilemma darin ist, dass es nicht mehr ausreicht, sich nur einen besseren Kundenservice einfallen zu lassen. Wer im einzigartigen Kunden Marktchancen erkennt und sich von der Konkurrenz dauerhaft abheben will, muss sein gesamtes Geschäftsmodell von gestern hinterfragen. Eine iStrategie wird die Zukunft sein. Sie wird Chancen bieten, an die andere Unternehmen heute noch nicht denken.

Ich fasse für Sie jetzt alle bisher beschriebenen Schritte noch einmal zusammen: Als Allererstes müssen Sie den Kunden (i)dentifizieren. Wer sind überhaupt Ihre Kunden? Wer kauft bei Ihnen ein? Im zweiten und dritten Schritt müssen Sie nun die Rahmenbedingungen schaffen. Hier müssen Sie den Kunden (i)ntegrieren und seine Träume, Wünsche und Motive richtig (i)nterpretieren. Denken Sie zum Beispiel an den chinesischen Bierhersteller Hans oder General Electric in Kapitel zwei. Wenn Sie all diese Schritte bearbeitet haben, müssen Sie nun eine iStrategie ausarbeiten. Sie basiert auf den individuellen Kunden, also dem Klienten von heute. In den nächsten beiden Kapiteln folgen Schritt fünf und sechs: Sie heißen (i)nteragieren und (i)nspirieren. Wenn Sie am Ende alle Schritte bearbeitet haben, ergibt sich daraus Ihre innovative Kundenstrategie. Das heißt, das ganze Buch gibt Ihnen eine Lösung an die Hand, wie Sie Ihre innovative Kundenstrategie erfolgreich auf den individuellen Kunden ausrichten.

Praxisübung – Das vierte „i": Individualisieren Sie Ihre Kunden!

Notieren Sie sich Strategien, wie Ihr Kunde das Produkt oder die Lösung als einzigartig empfinden wird. Wie können Sie das Unternehmen so ausrichten, dass der Kunde vor, während und nach dem Kaufprozess eine auf ihn zugeschnittene, einzigartige Lösung erhält? Sammeln Sie Ideen, wie Sie diese Vorgehensweise intelligent mit einer Datenbank verknüpfen, sodass die Informationen über den Kunden permanent aktualisiert werden.

Sie sind dran!

Die besten Gelegenheiten ergeben sich dann, wennman die Grundregeln ändert

Kapitel 5
Die digitale Welt
Warum das Web gerade erst am Anfang steht

Die fünfte Stufe der Kundenstrategie lautet (i)nteragieren. Jetzt kommt die digitale Welt ins Spiel. Welche Rolle spielen das Internet und Social Media für Ihre iStrategie? In dieser Stufe ist es wichtig, zu erkennen, dass zurzeit viele Firmen, die mit individuellen Konzepten erfolgreich sind, das Internet intensiv nutzen.

Die Vorteile liegen auf der Hand. Der Kunde kann über das Netz individuell betreut werden. Das richtige System vorausgesetzt, sehe ich eine neue Form der Beratung per Internet, die wirklich einzigartig ist. Fragen Sie sich selbst: Wann haben Sie Zeit, wenn Sie berufstätig sind? Morgens oder eher am Abend, wenn die Kinder im Bett liegen? Viele haben abends erheblich mehr Zeit. In der Regel sind die Geschäfte geschlossen. Das ist die Chance für das Internetgeschäft. Ich bin mir sicher, dass ein Großteil der Amazon-Verkäufe am Abend abgeschlossen wird. Und Amazon gibt mir immer weitere Vorschläge, was auch speziell für mich interessant wäre. Nicht schlecht!

Aber der nächste Schritt müsste die individuelle Beratung per Internet sein. Wie soll das gehen? Die meisten oder fast alle kennen Call Center, und in der Wirtschaft haben diese mittlerweile einen hohen Stellenwert.

Wie spannend wäre es denn, wenn ich per Knopfdruck auf der Homepage des Anbieters die Möglichkeit hätte, meinen persönlichen Berater auch direkt zu sehen und mit ihm sprechen zu können? Wobei es durchaus sinnvoll sein kann, dass der Mitarbeiter des Unternehmens per Video zu sehen ist. Durch mein gespeichertes Profil bekomme ich eine individuelle Beratung und erhalte um 23:00 Uhr von einem Mitarbeiter des Unternehmens detaillierte Vorschläge. Damit wird es einen Wandel vom Call-Center hin zu einem Video-Center geben. Technisch ist es vielleicht noch etwas Zukunftsmusik, es wird aber nicht mehr allzu lange dauern. Zudem haben wir rund um die Uhr eine persönliche Beratung, als würden wir uns im Geschäft befinden. So können wir interagieren, als säßen wir uns gegenüber.

Im Übrigen bietet das Internet für jeden die Möglichkeit, auf den Kunden individuell einzugehen. Dafür ist nicht einmal ein gigantischer Vertrieb alter Prägung notwendig. Das Web reicht aus. Es ist gerade auch im Internet sehr entscheidend, wie Sie, direkt vom ersten Kontakt beginnend, richtig interagieren. Hier passieren die meisten Fehler. Insgesamt ist das Netz zum Interagieren mit dem individuellen Kunden für die meisten Unternehmen noch Niemandsland. Das macht es aber so spannend.

Der „Jungunternehmer" Bürger stellte sich vor der Gründung von ZiC´nZaC eine wesentliche Frage: Kann der Internethandel das Geschäft mit Stoffen, Nähkursen und Nähmaschinen ersetzen? Um es kurz zu machen: nur marginal. Denn Nähen ist eine handwerkliche Tätigkeit, die man nicht online erlernen kann, fällt sein eindeutiges Urteil aus. Stoffe werden zwar auch im Internet verkauft, die meisten Frauen wünschen sich aber, den Stoff vor dem Kauf zunächst haptisch zu erleben. Sie wollen mehr über ihn wissen, bevor sie sich für den Kauf entscheiden. Sie möchten wissen, wie der Stoff fällt, wie er sich anfühlt, wie er verarbeitet ist und am eigenen Körper wirkt. Für die Beantwortung dieser Fragen ist das Internet in diesem Handelssegment ungeeignet. Nachdem diese Grundsatzfragen geklärt waren, fiel dem Gründer die Entscheidung leicht, sich auf den stationären Markt zu fokussieren. Die Idee dabei war, aus den Fehlern der Marktteilnehmer zu lernen und vor allem die Kundenwünsche des einzelnen Menschen zu erspüren und optimal zu bedienen. Doch der Unternehmer erkannte ebenso, dass das Internet ein hilfreiches Instrument sein kann, um für die Kunden den Kauf so einfach wie möglich zu machen. Demzufolge bietet ZiC´nZaC in Kombination mit der stationären und der digitalen Einkaufswelt den sogenannten Body Account an. Dieser ist eine Datenbank, für die die Kundin einmalig komplett dreidimensional vermessen wird. Mit diesen gespeicherten Daten wird dann ein individuelles Schnittmuster erstellt. Somit entfällt das eher lästige und oftmals ungenaue Abändern von Standard-Schnittmustern. Ganz egal, für welches Modell sich die Kundin entscheidet, der Body-Account stellt ihr immer den passenden Schnitt zur Verfügung. Aber der „Triumph des Individuums" lebt von der Vielfalt.

Die digitale Welt bietet für alle Branchen neue Wege, noch unentdecktes Erfolgspotenzial auszuschöpfen. Durch das Internet können auch Produkte, die heute nicht mehr zeitgemäß scheinen, wieder aufgegriffen und wiederbelebt werden. Der Vorteil dabei ist, dass Sie mit Ihrem Unternehmen die Kunden sozusagen von zu Hause abholen und ihren Desktop oder das Tablet-Display in eine emotionale Einkaufswelt verwandeln. Während der Kaufprozess früher erst im nächsten Geschäft stattfand, können Unternehmen schon im Internet die Weichen für den Kaufabschluss stellen. Doch auch hier weiß ich aus Erfahrung mit Kunden, dass es so einfach wie möglich gestaltet sein muss. Bei Herstellern wie Werkhaus und Modu Chair können die Kunden einen Stuhl individualisieren, indem sie zum Beispiel etwas eingravieren oder den Hocker mit Fotos bedrucken lassen. Der Stuhl ist übrigens der beste Beweis dafür, dass der individuelle Kunde für die kommende Geschäftswelt völlig neue Möglichkeiten bietet. Auf den ersten Blick ist ein Stuhl nur ein Stuhl. Das wissen natürlich auch alle Designer, die alle Jahre wieder versuchen, den Stuhl zu verändern. Denn auch hier gilt: Der Kunde ändert immer sein ästhetisches Bedürfnis. Mit der Individualisierung können Unternehmen nun den Stuhl jedes Mal neu erfinden. Und diese Einzigartigkeit kommt beim Kunden an. Das weiß auch Philipp Strigel, Gründer von Modu Chair: „Wer einen Stuhl selbst bemalt, verziert oder einfach nur mit Öl behandelt, hat ein ganz anderes Verhältnis zu diesem Gegenstand, als wenn er ihn fertig kauft", so der Designer aus Berlin im Online-Interview mit der Kölnmesse. Bei Modu Chair bestellt der Besucher im Online-Shop. Der Stuhl besteht aus sechs Teilen, die der Kunde dann zu Hause nach dem Steckprinzip zusammenbaut. Wenn er will, kann jedes einzelne Teil eine persönliche Eigenschaft haben. Der Stuhl kann Zebrastreifen haben, ein Herz und vieles mehr. Einfach alles, was sich der Kunde wünscht. Bald könnten bei Modu Chair sogar andere Möbelstücke folgen, erklärt der Designer.

Diese Grundidee hat auch Longchamp aufgegriffen, das vor allem durch seine faltbaren Luxus-Handtaschen bekannt wurde. Individuelle Handtaschen nach Maß für die Damenwelt. Dass Frauen mindestens genauso viele Handtaschen wie Schuhe im Kleiderschrank bunkern, ist wohl jedem Mann bekannt. Dank der Individualisierung könnte sich die Zahl der Handtaschen vieler Frauen nun rasant verdoppeln. Man kann auf der Webseite wählen, welche Größe, Material und Farbe die Tasche haben soll. Mit einigen weiteren Klicks kann die Frau zwischen einem langen und kurzen Henkel entscheiden, welches Innenfutter sie möchte und wie bestimmte Details der Tasche, wie der Zipper am Reißverschluss, aussehen sollen. Ob Bronze, Silber oder Gold, alles ist möglich. Last but not least kann jeder seiner Tasche eine persönliche Note verpassen, indem man einen Namen darauf sticken oder sogar prägen lässt.

Wie gut sich der Kunde mit diesem Prinzip identifiziert, zeigt auch die Webseite www.nameyourporsche.com. Kunden können ihrem Flitzer einen exklusiven und persönlichen Touch verleihen. Während früher zum Beispiel die Aufschrift Porsche Cayenne die

Kofferraumtür zierte, kann der Kunde jetzt seinen eigenen Text prägen lassen – nach seinen eigenen Vorstellungen und Wünschen. Dabei wird das Internet sehr konsequent genutzt, um auf Kundenfang zu gehen. Bereits auf der ersten Seite sieht der Besucher ein rot blinkendes Rechteck, „Tell your friend", und fordert ihn auf, den individuellen Porsche einem Freund weiterzuempfehlen.

Ich bin überzeugt davon, dass der Triumph des Individuums sehr eng an die Möglichkeiten des Internets gekoppelt sein wird. Amazon verbindet mittlerweile den Online-Shop intelligent mit der Online- und Offline-Welt. In einigen Städten der USA und London sind bereits die sogenannten „Amazon Locker" aufgestellt. Diese gelben Paketabholstationen verfügen über 40 Fächer und ein Bediendisplay, über das der Kunde den Abholcode eingeben kann. Studien bestätigen es bereits: Die größten Chancen für die kommende Geschäftswelt stecken im Multi-Channel-Handel. Das bedeutet in der Kombination zwischen der klassischen und digitalen Welt. Auch Apple ist ein Vorreiter auf diesem Gebiet und schafft den Spagat zwischen Online- und stationärem Handel. Kunden können online bestellen und anschließend vor Ort in einem von über weltweit 350 Stores die Ware abholen. Die Apple Retail Stores bestechen durch eine Erlebniswelt. Design und die exklusive Lage sind perfekt auf die Marke abgestimmt. Der Gigant aus Cupertino bedient sich auch einiger Tricks, durch die der Kunde bei seiner Entscheidung beeinflusst werden soll. Beispielsweise werden MacBooks immer ein wenig zugeklappt, sodass der Besucher für eine nähere Betrachtung das Gerät berühren muss. Das gleiche gilt für andere Apple Produkte, die der Kunde direkt in die Hand gedrückt bekommt, um das haptische Erlebnis zu spüren. Er soll sich in das Gerät und dessen einfache Bedienung „verlieben". Eine Emotionalisierung soll erreicht werden. Der Preis wird dann eher zur Nebensache.

Die Idee, im Internet zu bestellen und seine Ware im Geschäft vor Ort abzuholen, setzt in beeindruckender Manier bereits der

Optiker myspexx um. Der Online-Shop des Jahres 2012, gewählt auf der NEOCOM, hat eine Art des Einkaufens entwickelt, die selbst Nicht-Brillenträger verblüfft. Der Kunde ruft die Seite auf und klickt auf den Button „Brillen Anprobieren in 3D". Wenn man zum ersten Mal davon hört, klingt das wirklich unspektakulär. „Wie soll das funktionieren?", fragt man sich dabei. Um es aber vorwegzunehmen: Es ist beeindruckend! Das Unternehmen ist sehr innovativ gewesen, um eine kundenorientierte Lösung zu entwickeln. Der Besucher braucht lediglich zwei Dinge, um eine Brille vor dem PC anzuprobieren. Zum einen eine Webcam, die er freischalten muss und zum anderen gute Lichtverhältnisse. Hat sich der Besucher für eine Brille entschieden, navigiert ihn der Bildschirm, damit er sich mit seinem Gesicht und seinen Augen im richtigen Feld befindet. Schwupps! Schon sieht der Kunde sich im Bildschirm, als würde er in den Spiegel schauen. Sogar nach rechts und links kann er den Kopf drehen, um zu prüfen, ob die Brille ihm steht. Am Ende darf der Kunde wählen, ob er sich die Brille nach Hause schicken lässt oder lieber doch noch einmal vor Ort anprobieren möchte. Auch hier entscheidet wieder allein der Kunde, ganz nach seinen Vorstellungen und seiner Zeit, die er dafür aufbringen kann. Diese verknüpfte Art des Einkaufens ist deswegen so genial, weil die 3D-Anprobe auf spielerische Weise ein emotionales Kauferlebnis vermittelt. Sie verblüfft zudem, weil der Kunde so etwas noch nicht kennt.

Für iPhone-Besitzer stellt ZiC´nZaC einen ganz besonderen Service bereit: den Stoff-Parcour. Das Unternehmen verfügt über zwei Verkaufsvarianten. Der Kunde kann wählen, ob er den Stoff entweder vor Ort sehen und fühlen will, um ihn schließlich dann nach Hause liefern zu lassen. Dieser Service nennt sich „On Delivery". Oder der Kunde schaut sich den Stoff vor Ort an und nimmt ihn sofort mit. „On Stock" eben, wie ZiC´nZaC diese Verkaufsoption nennt. Alle modernen Trendstoffe, aber auch Longseller, Gebrauchsstoffe sowie Futterstoffe und Saisonartikel hält ZiC´nZaC als Ballenware in jeder Filiale auf Lager. Dem zugeordnet sind viele Hundert weitere

Stoffe, die zu den Saisonfavoriten zählen. Die „Kunst" ist es, zu erspüren, welche Ware in der kommenden Saison in ist. Der ZiC´nZaC-Stoff-Parcours ist eine Art Wanderweg durch die Vielfalt der Stoffvarianten und ein Mekka für Schneiderinnen. Tausende von Stoffen, als sauber verarbeitete Musterschals präsentiert und ausgestattet mit umfangreichen technischen wie fachlichen Informationen, befinden sich hier übersichtlich auf Edelstahlbügeln angeordnet. Das Vollsortiment, das hier geschaffen wurde, trifft genau die Zukunftsentwicklung, die das Marketing mit ROPO (Research online – Purchase offline) bezeichnet. ROPO – das führt ganz allgemein zu einer Renaissance des stationären Handels.

Es könnte also ziemlich fatal sein, wenn man von heute auf morgen alles auf eine Karte setzt und alle Geschäftsfelder ausschließlich auf das Internet reduziert. Das kann zwar funktionieren, aber ich glaube einfach, wir sind noch nicht so weit. Besonders nicht in Deutschland, das schon seit Jahrzehnten den USA mindestens um fünf Jahre hinterherrennt. Bis dahin kann man dem Kunden aber eine Brücke bauen. Kunden mögen es sogar, wenn sie etwas online bestellen und das Produkt im Geschäft, ergo offline, abholen. ZiC´nZaC ist hier nur ein Beispiel von vielen. Meine Grundüberzeugung ist, dass heute kein Unternehmen mehr am Internet vorbeikommt. Auch wenn viele das Thema nicht von Anfang an in den Mittelpunkt der Unternehmensstrategie stellen. Über kurz oder lang wird sich jedes Unternehmen mit dem Internet intensiv auseinandersetzen. Ich bin überzeugt davon, dass das Unternehmen ZiC'nZac noch mehr Kunden gewinnen kann, indem es sich noch intensiver mit dem Internet beschäftigt. Man kann zwar nicht im Internet nähen. Aber man kann sich die Frage stellen, wie weitere wichtige Kundenfaktoren wie Kundeninformationen und Kundenbeziehung im Netz ausgebaut werden können. Und man kann auch überlegen, wie sich das Kultthema Nähen ins Internet transportieren und aufbereiten lässt. Glauben Sie mir: Die verknüpfte Art des Einkaufens wird in den nächsten Jahren spürbar zunehmen. Denken Sie an die Chancen, die sich für Ihr Unternehmen ergeben könnten. Vielleicht wird man dem Kunden sogar noch ein Sonderangebot machen können, sobald er das Geschäft betritt. Durch die gespeicherten Kundendaten aus dem Netz sind Ihnen alle seine Interessen bekannt. Das System kennt Ihren Kunden mit all seinen Bedürfnissen und Erwartungen.

Meine eigene erste Homepage habe ich 1995 gestartet, als sich das World Wide Web erst so langsam in der breiten Öffentlichkeit etabliert hatte. Darum ist es heute für uns sicher keine Neuerfindung. Schauen wir aber genauer hin, lässt sich erkennen, dass seitdem im Internet viel passiert ist. Es ist gar nicht mehr vergleichbar mit seinen Anfängen in den Neunzigern. Nichtsdestotrotz bin ich mir sicher, das Internet steht nach wie vor erst ganz am Anfang. Genauer gesagt steht es nach meiner Einschätzung auf dem Niveau eines siebenjährigen Kindes. In zehn Jahren werden wir vermutlich darüber lachen, was wir glaubten, was heute schon State of the Art ist. Für noch spannender halte ich jedoch die Chancen, die viele Unternehmen im Web noch nicht erkannt haben. Wir erleben gerade erst eine Gründerzeit. Wir haben ein Zeitfenster vor uns. Nicht vorher, nicht hinterher, sondern jetzt! Die meisten großen Erfolge der Unternehmen sind erfahrungsgemäß in solchen Zeitfenstern entstanden. Auch Facebook hat ein solches Zeitfenster für sich genutzt. 100 Milliarden einzusammeln ist schließlich ein dramatischer Erfolg. Zukünftig wird sich ein Unternehmen somit die Frage stellen, welchen Börsenwert es in zehn Jahren haben wird. Wo ist die Wertschöpfung des Konzerns für den Kunden? Schon morgen wird der Kunde fragen, was ihm eine Mitgliedschaft bei Facebook langfristig bringt. Es bleibt auch hier eine spannende Entwicklung.

Es mag sicher viele verwundern, aber die Mehrheit der Menschen glaubt, dass das Thema Internet und Homepage bereits größtenteils erfolgreich umgesetzt wurde. Alle Aktivitäten und Möglichkeiten wären bereits perfekt ausgeschöpft worden. Das ist allerdings mitnichten der Fall. Dementsprechend befinden wir uns erst am

Anfang, das Web als vielversprechende Geschäftschance zu nutzen. Die digitale Technologie wird für uns noch in den nächsten 20 Jahren eine entscheidende Rolle spielen. Ich gehe sogar so weit, zu sagen, dass es für die meisten Unternehmen zu einer Überlebensfrage wird, wie sie in Zukunft anders mit dem Internet umgehen wollen. Meine persönlichen Erfahrungen mit dem World Wide Web reichen sehr weit zurück. Vor rund 20 Jahren wurde ich von Apple eingeladen, an einem Projekt mit dem Codenamen „Sweat Pea" teilzunehmen. Ich wurde nach Paris eingeladen, um vor Ort mein Konzept mit dem Namen „InfoCoach" vorzustellen. „InfoCoach" ist ein intelligenter digitaler Berater, der auf die Fragen des Sprechers auch die richtigen Antworten liefert. Der Mensch fragt zum Beispiel „Welche Termine stehen heute Nachmittag an?" oder „Wie haben sich die Verkaufszahlen in den vergangenen 100 Tagen entwickelt?" Der InfoCoach antwortet automatisch und liefert auf dem Bildschirm die passenden Grafiken dazu.

Ich war einer der ersten Europäer, der die Hardware sehen durfte. Es war schon sehr beeindruckend, Teil einer Revolution zu sein. So habe ich es damals gesehen und so sehe ich es auch heute noch. Es stimmte alles. Wir waren nur leider der Zeit 20 Jahre und mehr voraus. Vielleicht werde ich eines Tages mein „InfoCoach"-Konzept noch realisieren können. Für mich ist allerdings seit dieser Zeit das Internet der entscheidende Faktor für zukünftige Erfolge. Wenn Sie sich ein Bild davon machen wollen, was die Vision von Apple gewesen ist, die aus meiner Sicht bis heute Gültigkeit hat, dann googeln Sie einmal Apple Knowledge Navigator. Und Sie werden sehen, dass es da noch Luft nach oben gibt.

Vor einigen Jahren hielt ich einen Vortrag vor Top-Verkäufern der Telekom. Es war eine sehr gelungene Veranstaltung, denn das Unternehmen richtet sich immer mehr darauf aus, das Geschäft mit den Augen des Kunden zu sehen. Nach meinem Vortrag kam ein Manager backstage auf mich zu und sagte: „Wissen Sie, vor rund zehn Jahren habe ich einen Vortrag gehört. Der Redner sagt mit Begeisterung, dass das Internet alles verändern wird. Ich habe ihm nicht geglaubt. Der Redner waren Sie und heute bin ich hier im Unternehmen dafür verantwortlich." Ich hatte erst vor einigen Minuten auf der Bühne prognostiziert: „In fünf Jahren wird noch einmal nichts oder so gut wie nichts von den wirtschaftlichen Spielregeln durch das Internet so sein, wie wir es kennen. Und ich sage, dass es erst der Anfang ist von dem, was wir erleben werden. In fünf Jahren werden wir anders einkaufen, anders verkaufen und sogar anders leben. Es ist der Beginn eines dramatischen Umbruchprozesses in der gesamten Welt."

Heute gilt das Web für die Mehrzahl der Firmen immer noch als moderne Form der Visitenkarte. Rund 10 Prozent des weltweiten Handelsvolumens wird per Internet realisiert. Tendenz zunehmend. 90 Prozent des Geschäfts laufen allerdings auf den ersten Blick immer noch ohne das Netz. Selbst in Märkten, bei denen man vermutet, dass es erheblich mehr ist, sind es nur 20 Prozent, die über das Netz verbucht werden. In anderen Branchen sieht es ähnlich aus: Anbieter für Urlaubsreisen wie beispielsweise Online Travel Agencies (OTA) oder Fluege.de wickeln auch nur 18 Prozent des Umsatzes über das Internet ab. Viele Experten und Beobachter hatten diese Zahl weitaus höher geschätzt.

Aus meiner Sicht gibt es einen ganz einfachen Grund dafür: Ich werde als Kunde im Internet nicht individuell genug behandelt. Viele Angebote sind von der Stange. Wenn ich nach Mallorca will, hin und zurück, oder pauschal Urlaub mache, kann es klappen, dass ich im Internet ein individuelles Angebot finde. Zumindest ansatzweise und mit viel Vorstellungskraft des Kunden. Das reicht aber nicht. Deshalb informieren sich viele nur online und buchen dann im Reisebüro.

Viel besser wäre es, wenn das System mein einzigartiges Profil gespeichert hätte. Vielleicht sind es gar nicht so viele Kundeninformationen, die eine Datenbank speichern sollte, aber diese wenigen sind entscheidend. Da ich Kinder habe, muss ich beispielsweise in den Ferienzeiten fahren. Außerdem muss es für meine Kids Freizeitmöglichkeiten geben, weil ich sonst während des Urlaubs keine Zeit hätte, um mich selbst zu entspannen. Es sind vielleicht zehn Kriterien, die ich in ein Online-Portal eintippen müsste, um bequem für meine Familie und mich ein individuelles Angebot zu finden.

Vielleicht denken Sie schon heute darüber nach, in Urlaub zu fliegen, wissen aber nicht wirklich wohin? Bevorzugen Sie den warmen Südpazifik, intakte Landschaften oder eher das kalte Hochgebirge, um sich einmal im Jahr wieder so richtig auszutoben? Der US-amerikanische Online-Travel-Anbieter explorra setzt genau diese Idee um. Hier erwartet den Besucher ein besonderer Leckerbissen, die sogenannte „Bilderreise". Mit einem Klick wird der Kunde anhand von verschiedenen Bildern gefragt, was er am liebsten mag. Was macht für Sie ein glücklicher Urlaub aus? Was möchten Sie im Urlaub machen? Wie viel Geld wollen Sie dafür ausgeben? Auf anderen Portalen muss der Kunde unzählige Fragen beantworten, damit er sein Profil erstellen kann. Doch genau dort steckt das Problem. Der Kunde weiß manchmal selbst nicht, was er will. Oft fehlt ihm einfach die Vorstellungskraft! Auch hier bestätigt sich der Weg, den Apple vor Jahren eingeschlagen hat. Die Lösung steckt in der Einfachheit! Sobald Sie dem Kunden fertige, greifbare und visuelle Lösungen anbieten, wird er Ihnen sofort mit einem kurzen Fingerzeig zeigen können, was ihm gefällt. Und schon haben Sie beim Kunden gewonnen, weil Sie für ihn schnell und einfach ein individuelles Kundenprofil erstellen. Dieser Ansatz ist vielversprechend, da 70 Prozent der Menschen Bildermenschen sind.

Viele Unternehmen schenken dem Internet weiterhin nicht die höchste Priorität. Im Hinblick auf den individuellen Kunden kann diese Entscheidung zu einem bösen Erwachen führen. Ein genauer Blick auf die Statistik macht deutlich, dass zehn Prozent der Waren online gekauft werden. Nach meiner Überzeugung ist aber eine ganz andere Zahl entscheidend. Fast 90 Prozent informieren sich heute im Internet, bevor sie zu den Geschäften gehen. Viele interessierte Kunden informieren sich entweder davor, während oder nach dem Kaufprozess. Das heißt, nur zehn Prozent der Nutzer informieren sich nicht im Internet. Dazu muss man aber wissen: Diese Zahl ist nur eine persönliche Einschätzung von mir, denn darüber liegen keine fundierten Daten vor.

Glaubt man aber diesen Zahlen, ist die Bedeutung des Internets für die zukünftige Geschäftswelt erfolgsentscheidend. Und das unabhängig von einer individuellen Kundenstrategie. Damit müsste man jetzt das gesamte Internet aus einer völlig neuen Perspektive betrachten. Die digitale Welt eröffnet unter anderem auch der Medienbranche völlig neue Absatzkanäle. Eine fast schon märchenhafte Geschichte erzählt die US-Lokalzeitung Minneapolis Star-Tribune. Der Verlag schickte einen seiner Reporter nach Dakota, um über den Krieg der US-Einwanderer gegen die Dakota-Indianer vor 150 Jahren zu berichten. Unter anderem sollte es in den Reportagen um die Massen-Hinrichtung von 38-Dakota-Indianern gehen, die die US-Regierung damals in Auftrag gegeben hatte und die den Vorfall lange totschwieg. Die umfangreichen Geschichten des Reporters, die er im Interview mit den Indianern sammelte, veröffentlichte der Verlag in einer achtteiligen Serie in der Zeitung. Zusätzliche Fotos konnten die Leser auf der Webseite abrufen. Außerdem machte sie aus dem Serienthema ein einziges E-Book und bot es für 2,99 Dollar an. Inzwischen hat sich das Buch auf dem Markt zu einem Verkaufsschlager entwickelt. In der E-Book-Bestsellerliste der „New York Times" landete das digitale Buch sogar auf Platz 13. Mit diesem Erfolg hatten selbst nicht einmal die Macher des Verlags gerechnet. Aber auch hier stelle ich fest: Das Internet als dritter Vertriebsweg bietet jeder Branche völlig neue Chancen. Besonders bemerkenswert ist hier: Vor ein paar Jahren drohte dem Blatt noch die Pleite.

Als ich in diesem Jahr den Auftrag erhielt, einen Vortrag zum Thema „Handel und Wandel im Tankstellenmarkt" zu halten, bereitete ich mich dementsprechend vor. Ich wollte mehr erfahren über die Chancen für diese Branche. Zusammen mit meinem Team checkten wir, welche Aktivitäten insbesondere die großen Anbieter wie Aral, BP und Shell bereits im Netz umsetzen. Vorsichtig formuliert fiel das Ergebnis ernüchternd aus. Denn außer Social Media und klassischen Homepages konnte ich keine weitere Strategie erkennen. Darum machten wir uns sofort auf die weitere Suche und schauten uns den App-Markt an. Hier wurden wir endlich fündig. Aral hatte zu diesem Zeitpunkt einen Tankstellen-Finder als App angeboten. Doch auch diese Idee hat mich aus Kundensicht nicht ganz überzeugt. Mein Argument war, dass ich bereits seit Anfang an ein Navi in meinem Auto habe, das mir jederzeit die nächste Tankstelle anzeigt.

Aus meiner Sicht schlummern die großen Chancen für viele Tankstellen ganz woanders: Zwei Drittel der Gewinne machen viele Marktteilnehmer nicht mit Mineralölprodukten, sondern mit den Lebensmitteln, die die Kunden dort kaufen. Tendenz sogar zunehmend. Geht man noch einen Schritt weiter, ergeben sich noch andere erfolgversprechende Einnahmequellen. Tankstellen haben in der Regel, zumindest einige davon, 24 Stunden lang geöffnet. Hier kann der Kunde bereits eine ganze Menge für den täglichen Bedarf wie Getränke und Zigaretten kaufen. Zum Beispiel, wenn die Supermärkte vor Ort geschlossen sind und zu Hause etwas fehlt, was der Kunde dringend braucht. Viele kommen in ihrem hektischen Alltag nicht immer dazu, während der Öffnungszeiten einzukaufen, weil sie unter der Woche bis in die späten Stunden arbeiten. Oder man landet nach einem Geschäftstermin erst um 23:00 Uhr auf dem Flughafen. Was tun? Am einfachsten wäre es, wenn der Kunde jetzt eine App hätte, mit der er auf dem Weg zur Tankstelle seine Ware bestellen könnte. Die App merkt sich bereits die Lieblingsprodukte des Kunden und kann ihm direkt Vorschläge machen, sodass er bei der Bestellung Zeit spart. Das passiert dann zwar im Bruchteil einer

Sekunde, die der Kunde dadurch einspart, aber für ihn selbst sind es gefühlte Minuten. Vergleichen Sie es ruhig mit der Warteschlange im Supermarkt. Wie oft haben Sie als Kunde das Gefühl, dass man mindestens zehn Minuten wartet, bis man mit seiner Ware endlich von der Kassiererin bedient wird? Erst im Nachhinein wundert man sich, wenn man feststellt, es waren keine zehn Minuten, sondern nur drei Minuten!

Vielleicht kann das System sogar aufgrund meines Kaufverhaltens sagen, was ich das letzte Mal gekauft habe. Für den Kunden ist die App einfach zu bedienen, und seine gesamten Daten sind im System hinterlegt, damit er alles mit einem einzigen Klick bestellen kann. Und so könnte dann die Zukunft zur Freude des Kunden aussehen: Während ich mit dem Auto zur Tankstelle fahre, werden bereits die von mir bestellten Produkte eingepackt. Auch hier hätten Sie ein individuelles Kundenkonzept vorliegen, das einfach und pragmatisch umgesetzt wird. Die Hauptsache dabei ist, dass der Kunde sich immer schnell im Kaufsystem zurechtfindet und er das Gefühl hat, das Angebot hilft ihm im Alltag weiter. Ehrlich gesagt halte ich das für einen erheblich besseren Weg als eine App, die mir den Weg zur nächsten Tankstelle zeigt. Wie Sie sehen, liegt das Geschäft oft auf der Straße. Oder wie ich im digitalen Zeitalter zu sagen pflege: im Internet. Man muss nur bereit sein, es zu wollen und es auch zu sehen. Das gelingt aber ausschließlich über den Kunden. Er ist immer der zentrale Ausgangspunkt, aus dem Unternehmen neue Geschäftsideen ableiten können.

Die Vorteile, die sich ein First Mover mit dem Internet verschaffen kann, liegen damit auf der Hand. Das Online-Business ist ein Wachstumsmotor par excellence. Vor allem in einem Zeitfenster, in dem die Wettbewerber noch nicht erkannt haben, welches Chancenpotenzial möglich ist und sich der Kunde die Lösung noch nicht vorstellen kann. Ein anderes Beispiel zeigt wieder einmal, wie man für jede Zielgruppe sein Geschäft individuell aufbauen kann. Groupon ist eine der spannendsten und bekanntesten Geschichten der letzten Jahre im Internet. Mittlerweile ist das Unternehmen aus den USA an die Börse gegangen und hat mit seinen regionalen Rabattaktionen in verschiedenen Städten für Furore gesorgt. Mit Coupies aus Köln wartet jetzt schon die nächste Konkurrenz auf dem deutschen Markt. Das Prinzip ist ähnlich. Der Kunde braucht keine Gutscheine mit sich herumzutragen. Er erfährt in seinem Umkreis immer die aktuellsten Live-Rabattaktionen.

Dieses Beispiel zeigt auch eine neue Entwicklungsstufe. Am Anfang waren Endgeräte an den Schreibtisch gebunden, erst im Laufe der Jahre wurden sie für die Verbraucher mobiler. Richtig mobil waren sie allerdings nie. Erst als Apple mit der Vision angetreten ist, die Post-PC-Ära einzuläuten, konnte der Computer-Riese als First Mover eine führende Rolle einnehmen. Ziel war es, der Mobilität eine völlig neue Bedeutung zu geben. Was im Kopf der Macher von Apple als Vision begann, ist nun Realität geworden.

Mobile Geräte wie Smartphones oder Tablets sind in der Lage, die Informationen abzurufen, wann, wo und wie wir es wollen. Viele Menschen bestätigen heute: Das Leben hat sich dadurch grundlegend verändert. Viele können sich ein Leben ohne diese Geräte gar nicht mehr vorstellen. Durch die Möglichkeit, Informationen jederzeit und überall abzurufen, genießt der Verbraucher eine bisher nie gekannte Freiheit. Wo ist das nächste Restaurant? Welche Angebote gibt es heute in meinem Lieblingsshop? Wie sind die aktuellen Börsenkurse? Und wie ist das Wetter morgen in meiner Stadt? Damit wird Mobilität zum nächsten Wachstumsmotor. Unter dem Begriff Location-Based-Services (LBS) entstehen so neue Möglichkeiten, die Kunden vor Ort zu erreichen, wie das Beispiel des Kölner Unternehmens Coupies zeigt. Location-Based-Services sind standortbezogene Dienste, die mithilfe der freigegebenen Daten dem Endverbraucher positionsabhängige Angebote liefern.

Für den lokalen Anbieter ergeben sich dadurch völlig neue Möglichkeiten. Angenommen, Sie sind ein Kunde der Elektronikkette Saturn und Sie haben dort Ihr Profil hinterlegt. Gleichzeitig weiß das Unternehmen durch die gespeicherten Kundendaten, dass Sie in den vergangenen Monaten Samsung-Geräte gekauft haben. Jetzt kann Ihnen Saturn mithilfe eines App-gesteuerten Kundensystems ein individuelles Angebot machen, sobald Sie sich in der Nähe einer Niederlassung befinden. Mit Ihrem GPS-Signal haben Sie sich automatisch identifiziert. So könnte Saturn Ihnen für Ihr Samsung-Tablet eine Schutzhülle anbieten – zum Sonderpreis. Allerdings nur, wenn Sie innerhalb der nächsten Stunde vorbeikommen. Mit einer kleinen Bestätigung können Sie es abholen, ohne in der Warteschlange zu warten. Bezahlt haben Sie bequem mit PayPal. Willkommen in einer neuen Shopping-Welt! Es ist die Welt des Evernets!

Damit werden die Grenzen des Internets noch einmal gesprengt, da das Evernet allgegenwärtig ist. Vielen wird die Entwicklung auf Anhieb nicht gefallen. Angefangen von den Daten, die der Kunde preisgibt, bis zur Kontrolle, wo man sich gerade aktuell befindet. Aber je attraktiver und interessanter ein Angebot für den Kunden sein wird, umso eher wird er schon bald bereit sein wollen, die eigenen Daten zur Verfügung zu stellen. Ich bin überzeugt davon, wir befinden uns gerade noch in einer Vorstufe dieser Entwicklung. Die Jugend hat meist schon gar kein Problem mehr. Jeder wird selbst entscheiden können. Nur wenn die Vorteile überwiegen, steht dem nichts mehr im Wege. Das ist meine eigene Erfahrung.

Ein Metzger in meiner Nähe musste jüngst sein Geschäft schließen. Kurz vorher diskutierte ich mit ihm über das Internet. Für sein Geschäft stufte er es als nicht relevant ein. „Das ist nichts für mich!", sagte er. Ich entwickelte für ihn daraufhin eine Idee. Gerade im Sommer ist es ja oft so, dass es schöne Tage zum Grillen gibt. Manchmal bleibt man auch als Metzger auf seinen Würsten sitzen. Was tun? Wieder greift die gleiche Idee: Wenn er um 13:00 Uhr sieht, dass es noch genügend Ware gibt, kann er seine Kunden informieren, dass es Grill-Produkte innerhalb der nächsten Stunde zum halben Preis gibt. Der direkte persönliche Kontakt macht es über die modernen Systeme möglich. Und beide Seiten profitieren wieder davon. Der Metzger verkauft mehr, indem er spezielle Angebote macht und der Kunde hat auch einen Vorteil, weil er nur die Hälfte zahlt. Vorausgesetzt, er kauft innerhalb der nächsten 60 Minuten. Es hat also nichts mit der Größe eines Unternehmens zu tun, sondern nur damit, ob man den individuellen Kunden erkennen will.

Das Internet funktioniert heute nach einem eigenständigen System. Ich nenne es den Google-Faktor. In Deutschland suchen zurzeit über 90 Prozent der Menschen die Antworten auf ihre Fragen mit Google. Im Augenblick dominiert der Riese aus Kalifornien den Suchmarkt im Netz. Über 200 Kriterien entscheiden darüber, ob Sie auf die erste Seite von Google gelangen. Und er wird immer intelligenter. Interessant ist, dass Google denkt, wie Ihre Kunden denken. Die gleiche Idee, die wir bei einer individuellen Kundenstrategie sehen, ist auch eines der ganz großen Ziele des Suchmaschinenriesen. Mittlerweile ist es so, dass Ihnen beim gleichen Suchwort unterschiedliche Ergebnisse präsentiert werden. Dies hängt von Ihrem Standort ab. Lokale Suchergebnisse werden im Ranking vorgezogen. Google arbeitet daran, die Suche immer mehr zu individualisieren.

Darum geht Google nun eine Stufe weiter und individualisiert die Nutzer. Aufgrund des persönlichen Surfverhaltens im World Wide Web und der von ihnen angeklickten Seiten ergibt sich dadurch für jeden Einzelnen ein individuelles Bild. Die gesamte Analyse basiert dabei auf Algorithmen. Ein Mensch könnte niemals so schnell sein, einen einzigen Kunden zu analysieren. Die Algorithmen hinter dem System können es aber! Erst sie ermöglichen den individuellen Kunden im Web!

Diese Fähigkeit von Google wird mit Sicherheit immer weiter ausgebaut werden. Andererseits wird es selbst für professionelle Suchmaschinenoptimierer immer schwieriger mit technischen Tricks die Titelseite von Google zu erreichen. Für einen eigenen Shop, um gefunden zu werden, sind diese Kriterien allerdings sehr entscheidend. Google denkt, wie Ihre Kunden denken – das bedeutet im Einzelnen Folgendes:

In meinen Vorträgen sage ich seit einiger Zeit: „Das Internet ist nicht alles, aber ohne das Internet ist alles nichts." Mit jedem neuen Tag trifft dieser Satz immer mehr zu. Für viele Shop-Anbieter wird die Individualisierung ihres Geschäfts nach meiner Überzeugung zu einer Überlebensfrage. Nur mit dem individuellen Kunden können die Shop-Anbieter dauerhaft erfolgreich sein. Wer dem einzelnen Kunden im richtigen Moment die individuelle Lösung anbietet, zugeschnitten auf sein Problem, hat gewonnen. Gelingt das dem Unternehmen, werden die Kunden sich auch gerne binden. Nur so wird in Zukunft eine erfolgreiche Kundenbindung funktionieren. Alle anderen, die das ignorieren, werden mit leeren Händen dastehen und auf lange Sicht vom Markt verschwinden.

Ich hatte schon in den 90er Jahren erkannt, dass das Internet die komplette Wirtschaft auf den Kopf stellen wird. Alles wird sich verändern – auch der Verkauf und das Kundenmanagement. Das World Wide Web hat aber noch weitaus mehr Auswirkungen auf die Gesellschaft. Ich weiß, viele hören es ungern, aber es ist tatsächlich die nächste Revolution in der gesamten Gesellschaft. Weltweit! Die erste Revolution begann, als man das Internet für die breite Masse zugänglich gemacht hatte. Die erste Welle hat die Kommunikation und unsere Kultur für immer verändert. Wie oft ertappen wir uns täglich dabei, dass wir das Internet zwar kritisieren. Verzichten möchten wir auf dieses Medium allerdings nicht, denn es macht vieles im Alltag einfacher. Die zweite Welle beginnt hier und jetzt mit dem individuellen Kunden. Das Internet macht die Kunden zum Produzenten. Sie kennen meinen Satz, den ich immer auf der Bühne sage: „Werden Sie im Internet zum eigenen Sender!" Jetzt steigen wir zehn Stufen höher und dementsprechend sage ich: „Machen Sie Ihre Kunden zum Produzenten!"

Warum gleich zehn Stufen und nicht eine? Dahinter steckt nicht nur mehr Geschäft mit den Kunden. Der individuelle Kunde ist für viele Firmen mittlerweile mit einer Machtfrage verbunden. Die Frage für jedes Unternehmen wird sein: „Inwieweit sind wir bereit, Macht an den Kunden abzugeben?" Branchenexperten stellen zunehmend fest, dass immer mehr Kunden nach individuellen Online-Shops fragen. Denn nur so erreichen Unternehmen ihre Kunden in der digitalen Welt. Und zwar, indem man ihn situativ erfasst. Er erwartet heute Eins-zu-eins-Lösungen. Aus meiner Sicht ist es ein Irrglaube, wenn Unternehmen immer noch meinen, dass sie das Produkt vorgeben könnten. Zu dieser Erkenntnis werden irgendwann auch die größten Player gelangen. Der klassische Verkauf und Vertrieb wird sich daran gewöhnen müssen, dass bei einer Zielgruppe von 200.000 Menschen jeder Kunde anders tickt. Die Gesellschaft ist heterogen, und jeder Mensch ist mit seinen einzelnen Biografien und Interessen verschieden. Man spricht hier vom Kunden 3.0! Bald erreichen wir schon die nächste Stufe. Es ist die individuelle Phase, in der der einzelne Mensch über die Kundenrolle hinauswächst und zum Mitarbeiter des Unternehmens wird.

Zudem lässt sich auch im Internet beobachten, dass der Kunde sich als einzigartig betrachtet. Die hohe Nachfrage an individuellen Shops macht schon heute bei einigen E-Commerce-Agenturen rund 35 Prozent des Umsatzes aus, während Standard-Shops nur noch 12 bis 13 Prozent einspielen. Es ist der individuelle Kunde im Web! Er stellt für alle Anbieter im Netz die größte Herausforderung dar. Kriegt der Kunde nicht sofort das, was er sucht, landet er mit einem Klick bei der Konkurrenz. Bekommt er dort nicht das, was er gesucht hat, kommt er nie wieder zurück. Es gibt somit im Internet nur eine einzige Chance. Die Herausforderung des Shops ist es, den Kunden situativ abzuholen. Es geht nicht mehr darum, ihm irgendetwas zu verkaufen, sondern im richtigen Moment die richtige Lösung zu verkaufen. Dann ist die Wahrscheinlichkeit sehr hoch, dass er kauft. Klappt das, entsteht Kundenbindung.

Man kann Kundenbindung heute aber auch auf traditionelle Weise umsetzen – und vor allem sehr einfach! ZiC´nZaC bietet für unentschlossene Nähmaschinenkäufer ein Miet-mich-Studio vor Ort. Zum Hobby gehören Gleichgesinnte! Wie beim Sport, so auch beim Nähen. Nur so lassen sich „live" Erfahrungen austauschen, Fachgespräche führen. Sich gegenseitig Hilfe bei komplizierten Kreationen anbieten oder einfach mal nur quatschen, während man begeistert an seinem Meisterstück werkelt: So wird das Hobby zum Event! Wer dieses Gruppenerlebnis liebt, findet bei ZiC´nZaC schnell Anschluss und fühlt sich zu Hause. Das Näh-Atelier bietet so genannte „Miet-mich-Plätze". Das sind voll ausgestattete Näh-Arbeitsplätze mit Tageslicht, gepflegten Maschinen auf sauberen Arbeitstischen und einer Rundum-Versorgung mit allem nur erdenklichen Zubehör, das ZiC´nZaC gegen Kaution zur Verfügung stellt.

Zusätzliche Kunden kommen zu ZiC´nZaC auch über Utensilio. Das Unternehmen nennt es den Frequenzbringer für zusätzliche Kundenkontakte. Eine Schließfachanlage, in der Kunden ihre halb fertigen Näh-Utensilien bis zum nächsten Nähkurs-Termin lagern können. Das hat aber auch noch einen weiteren Zweck: Wenn Kunden in der Stadt Einkäufe tätigen, können sie in Ihrem Schließfach manch schwere Tasche zwischenlagern. So entsteht eine Kundenbindung, auch wenn man nicht gerade auf der Suche nach neuen Stoffen ist. Man kann zusammenfassen: Wer das World Wide Web mit dem Geschäft um die Ecke kombinieren will, muss auf lange Sicht bereit sein, zu verstehen, wie Google tickt. Denn nur, wenn Unternehmen wissen, wie der Internetriese funktioniert – auch außerhalb der Suchmaschinen-Optimierung – können sie auf Kundenfang gehen. Der Suchmaschinenriese will immer mehr eigene Produktvergleiche anbieten. Geben Sie einmal in die Suchmaschi-

ne „Flug Hamburg" ein. Sofort finden Sie ganz oben in der Treff-
erliste „Flüge nach Hamburg". Diese Liste wird direkt von Google
erstellt. Damit ist es nicht nur über die Google-Adwords-Kampag-
ne möglich, gefunden zu werden, sondern jetzt auch in der natürli-
chen Suche. Für Vergleichsportale stellt das natürlich eine schwie-
rige Situation dar, da es ihre Existenzberechtigung infrage stellt.
Damit wird Google praktisch zum Wettbewerber des eigenen Ange-
bots. Der Wettbewerb um neue Kundenkontakte hat bereits begonnen. Unternehmen, die den Schuss gehört haben, rennen schon jetzt
um die Wette, um die noch lukrativen Plätze zu sichern. Firmen, die
hingegen meinen, im Web nur Standard-Produkte anbieten zu müssen, werden vom einzelnen Kunden ignoriert. Die neue Kundenära bestätigt meine These, die ich schon seit Jahren prognostiziere.
Neue Kunden über das Internet zu gewinnen und die gewonnenen
Käufer auch zu halten, erreicht nun eine neue Entwicklungsstufe.
Dabei müssen Sie immer berücksichtigen: Wenn wir die Kunden-
treue nicht durch eine individuelle Kundenstrategie in die nächste
Stufe gebracht haben, ist der Wettbewerber nur einen Klick entfernt.
Niemals zuvor war der Wettbewerb so hart. Das Internet verschärft
noch einmal die Situation für jedes Unternehmen. Google wird im-
mer intelligenter, liefert immer mehr Produktinformationen und
Produktvergleiche sowie Kundenbewertungen – und schafft so eine verkäuferunabhängige Entscheidungssituation. Das ist auch der
Grund, warum immer mehr Menschen ohne persönliche Beratung
einkaufen.

Diese Zielgruppe wächst rasant, auch deshalb, weil die Firmen nicht
die Chancen einer individuellen Kundenstrategie nutzen. Selbst in
einer Vorstufe der individuellen Kundenstrategie ist doch die Frage
gerechtfertigt: Was tut ein Unternehmen für mich, wenn ich regelmäßig online einkaufe und aus meiner Sicht erst einmal ein treuer
Kunde bin? Werde ich belohnt? Habe ich besondere Angebote, die
nur für mich gelten? Muss ich jedes Mal wieder alles von vorne eingeben oder kennt man mich wirklich?

Im Grunde genommen kann man die gleichen Grundregeln zu den Themenbereichen Kundenzufriedenheit und Kundenorientierung auch auf das Internet übertragen. Angefangen vom Grundkurs „Wie einfach mache ich es einem Kunden, auf meiner Onlineseite zu kaufen?" bis hin zum fortgeschrittenen Kurs „Wie mache ich aus einem Einmalkunden einen begeisterten Dauerkunden?" Die gleiche Grundaufgabe gilt nicht nur für klassische Onlineshops, sondern auch für Unternehmen, deren Abschlüsse immer noch vor Ort getätigt werden. Auch in diesem Business gilt: Wir müssen aus einem Einmalkontakt eine dauerhafte Geschäftsbeziehung machen. Und je mehr wir über den Kunden wissen, umso individueller können wir eine Beziehung aufbauen. Nichts ist fataler, als wenn man zum Besucher keine Beziehung aufgebaut hat. Aus einem Kontakt wird eine Beziehung aufgebaut. Aus einer Beziehung entsteht ein individueller Kunde und mit der Zeit auch ein Partner.

Die Frage wird sein: Wie lange dauert es, bis wir aus einem anonymen Kontakt den individuellen Kunden gemacht haben? Wir haben durch unsere Arbeit mit Clienting festgestellt, dass ein Beziehungsaufbau Zeit braucht, bevor der Kunde überhaupt bereit ist, die richtigen Informationen preiszugeben. Wir haben dafür ein 7x-Kontaktsystem entwickelt. Amerikaner sprechen von 5 bis 12 Kontakten, die man braucht, bis die Kunden im Web am Ende kaufen. Dort wird das Drip Marketing bereits verwendet. Frei übersetzt heißt es „Tropfen-Marketing". In kleinen Tropfen erhält der Besucher nützliche Informationen. Viele amerikanische Unternehmen setzen dieses Drip Marketing ganz konsequent ein. Von der ersten Stufe an will man die Informationen über den Kunden bekommen, die möglich sind. Beispielsweise lockt ein führender Webinar-Anbieter auf der Homepage mit einem speziellen Angebot: Wenn Sie das kostenlose E-Book „Das Präsentations-Genie Steve Jobs" herunterladen wollen, dann tragen Sie bitte hier Ihre Informationen ein – und schon erhalten Sie Ihr Exemplar per E-Mail. Wer sich beruflich für Vorträge interessiert, wird sicher wissen wollen, was die Faszination von

Steve Jobs auf der Bühne ausmachte. Die Wahrscheinlichkeit ist in dem Fall sehr hoch, dass der Besucher bereitwillig seine E-Mail-Adresse preisgibt. Leider hat das Unternehmen aus meiner Sicht zu früh aufgehört. Ideal wäre es gewesen, wenn dem registrierten Käufer unmittelbar nach dem Kauf ein E-Mail-Kurs angeboten wird, damit er das Thema vertiefen kann. Am Ende des Lehrgangs gibt es dann das Angebot des Unternehmens, wie man Online-Präsentationen per Webinar hält. Noch besser wäre es gewesen, wenn der Kunde aufgrund der individuellen Anforderungen einen Kurs angeboten bekommen hätte, der eins zu eins auf seine Bedürfnisse eingeht. Ein solches Angebot könnte zum Beispiel die neusten Präsentationsanforderungen auf der Bühne enthalten, um das Publikum unterhaltsam zu informieren. Das wäre in dem Fall eine Topumsetzung des Drip Marketings. Der Kunde erhält tröpfchenweise die Infos, die ihm weiterhelfen. Das Angebot muss aber immer auf seine jetzige Situation exakt zugeschnitten sein. Zusammengefasst hat sich die Art, mit dem potenziellen Kunden umzugehen, geändert. Das ist im World Wide Web die große Herausforderung. Während der Kunde früher über die klassischen Marketingwege wie Werbung im TV gewonnen werden sollte, so geht es heute um eine einzige Frage: Welchen wirklichen Nutzen können wir dem Kunden von der ersten Sekunde an bieten?

Je höher der Hilfe- und Nutzenfaktor, umso wahrscheinlicher entsteht hier auf Dauer eine Geschäftsbeziehung. Unsere Kunden, die wir im Coaching strategisch beraten, haben mittlerweile diese Chance verstanden und setzen sie um. So werden Kunden und potenzielle Kunden mit Basisinformationen unterstützt, die helfen sollen, eine erste Orientierung auf ihre Fragen zu erhalten: Wie geht das? Was muss ich tun? Was muss ich im Umgang mit dem Produkt beachten? So könnte ein Kunde, der sich zum ersten Mal im Leben für das Nähen interessiert, nützliche Infos erhalten, wie der Faden richtig eingeführt werden muss. Das kann entweder per E-Mail-Kurs geschehen oder durch ein Video-Book, das Tutorials enthält.

Für die Kunden ist es über das Produkt oder die Lösung hinaus eine ganz konkrete Unterstützung. Sie sind für eine klare Hilfe oft sehr dankbar und reagieren darauf viel positiver als auf Werbung. Mit unseren Kunden sprechen wir über Videokurse, die sie wiederum ihren Kunden anbieten werden. Wir haben dafür eine spezielle Variante entwickelt, die wir iVideo-Page nennen. Video spielt hierbei die zentrale Rolle. Das ist die moderne Art, dem Kunden Impulse zu geben. Ein Erfolg jenseits des Produktdenkens. Manche Anbieter wie Joachim Bürger gehen sogar noch weiter und bieten den Kunden und potenziellen Kunden eine eigene Online-Akademie. Bei ZiC´nZac ist die sogenannte Näh-Akademie unter den Kunden der absolute „Knaller" und auf Monate ausgebucht! Es ist neben der individuellen Kundenstrategie das zweite Highlight im ZiC´nZaC-Konzept. Dieses ist inzwischen so erfolgreich, dass nach zwei Jahren bereits über 1.000 Absolventen hier das Nähen erlernt haben.

Auch hier gilt: Je konkreter die Informationen des Kunden sind, desto besser kann der Anbieter auf ihn und seine Situation eingehen. Beim letzten Seminar fragte ich einen Teilnehmer, wie viele Kunden er hat. „10.000", antwortete er. Woraufhin ich ihn fragte, wie viele E-Mail-Adressen er von diesen 10.000 Kunden hat. Um meinen Kunden herum wurde es plötzlich ganz still im Raum, bis er schließlich antwortete: „Es sind 2.000!" Er konnte nun meine nächste Frage fast schon erahnen. Diesmal wollte ich wissen, ob es für den dauerhaften Geschäftserfolg gut ist, dass man von 10.000 Kunden nur 2.000 E-Mail-Adressen besitzt. Natürlich liegt hier ein gewaltiges Potenzial brach, sodass ich ihn fragte, wie oft seine Kunden per E-Mail informiert werden. Auch hier war leider kein System erkennbar. Trotz aller Social-Media-Euphorie bin ich inzwischen davon überzeugt: Individuelles E-Mail-Marketing gilt im Netz als einer der größten Wachstumsmärkte. Immer mehr Unternehmen erkennen, dass die Kunden auf Massen-E-Mails kaum reagieren. Es gibt vielfache Gründe dafür. Man begrüßt den Kunden nicht mit seinem Namen, sondern mit „Sehr geehrte Damen und Herren".

Oder er wird falsch angesprochen und es wird ihm ein Angebot unterbreitet, das nicht zu seiner Lebenssituation passt. Doch auch hier haben Unternehmen bereits viel Lehrgeld gezahlt und erkannt, dass individuelle E-Mails die Verkaufschancen erhöhen. Vorbei sind die Zeiten, als man den Kunden wie eine Black Box behandelt hatte. Die Online-Flirtbörsen ElitePartner und Parship konnten zum Beispiel durch gezielte Lifecycle-E-Mails ihre Umsätze steigern. Der einzelne Kunde erhielt automatisch eine E-Mail, die exakt auf seine aktuelle Lebenssituation zugeschnitten war. Einen großen Erfolg konnte durch zugeschnittenes E-Mail-Marketing auch der Biolebensmittelhändler Alnatura verzeichnen. So können schwangere Frauen einen 20-teiligen Themen-Newsletter abonnieren, der alle 14 Tage im Posteingang erscheint. Trigger-Mailing nennt sich das System. Doch wer glaubt, diese Frauen werden mit einem Sonderangebot nach dem anderen zugeschüttet, liegt völlig daneben. Die Empfängerin erhält einen Newsletter, der dem Grundprinzip einer Zeitung ähnelt. Im Vordergrund steht das Thema, das die Abonnenten mit hilfreichen Tipps informieren soll. „In der achten Woche der Schwangerschaft müssen Sie auf folgende Dinge achten!", lesen die Frauen in der Betreffzeile. Erst danach folgen die Produkte, für die eigentlich geworben wird. Die Strategie ging für Alnatura auf. Das Unternehmen konnte durch diese individuelle E-Mail-Kampagne schnell wachsen. Oft ist der Aufwand für Firmen sehr groß, bis sie alle Materialien und Informationen zusammenhaben, um passgenau auf ihre Zielgruppe einzugehen. Doch im Nachgang sind die E-Mails ein Selbstläufer, die ein großes Wachstumspotenzial bieten. „Content ist king!", sage ich immer wieder, was sich nun auch im Internet bestätigt. Der Kunde sucht in erster Linie nach Informationen, die ihm weiterhelfen. Experten sprechen von der sogenannten Vorteils-Kommunikation, die zwei Ziele verfolgt: Einerseits sollen Bestandskunden bei Laune gehalten werden. Andererseits soll der Kunde sukzessive an das Unternehmen herangeführt werden, indem man mit kompetentem Know-how Vertrauen schafft. Es ist der Grundstein für eine dauerhafte Beziehung. Sie sehen auch hier wieder: Der Kunde will nicht irgendetwas kaufen. Er will die Eins-zu-eins-Lösung. Gelingt das dem Anbieter, ist der Kunde auch bereit, mehr zu bezahlen. Warum? Weil er in dem Nutzen die ultimative Lösung für sein Problem sieht. Als Monopolist ergeben sich auf diese Weise ganz neue Perspektiven.

Meine Beziehungslehre über den Kunden wird nun im Internet fortgeführt. Darum nenne ich diese Weiterentwicklung iClienting! Eine zentrale Rolle für den E-Commerce, damit iClienting zum Tragen kommt, wird aber auch zunehmend die Zeit spielen. Ohne die Algorithmen wäre es gar nicht möglich, den individuellen Kunden schnell und vor allem ohne große Kosten zu erfassen. Wer seine Kunden verstehen will, muss schon aus diesem Grund auf die Intelligenz der Algorithmen zurückgreifen. Man muss sich über den Kunden und seine Bedürfnisse informieren. Das wird die Herausforderung des individuellen Webshops sein: Sie müssen so aufgebaut sein, dass sie sofort erkennen, ob der Besucher zum ersten Mal auf der Seite ist, wie lange er auf der Seite geblieben ist und was er sich angeschaut hat. Der Kunde ist im Netz ungeduldig und erwartet sofort die perfekte Lösung für sein Problem. Ein Klick entscheidet über den Erfolg.

Ebenso bin ich der Meinung, dass es zukünftig kein einheitliches Auftreten eines Online-Shops mehr geben wird. Die Shops von morgen werden nicht nur exakt auf die einzelnen Zielgruppen zugeschnitten sein, sie machen das Einkaufen gleichzeitig zum Erlebnis. In Zukunft wird man mithilfe von Design und durchdachter Usability viele Emotionen rüberbringen, wie wir es schon heute aus vielen Kaufhäusern kennen. Es wird Möglichkeiten geben, Shops so zu gestalten, dass sie nicht verspielt wirken, sondern die Emotionen des Besuchers gezielt ansprechen. Er wird sich wohlfühlen und glauben, dass er sich gar nicht im Internet befindet, sondern im Geschäft um die Ecke! Kombinieren Sie das mit der Möglichkeit, dass eines Tages ein Webshop automatisch Ihre Lieblingsfarbe erkennt und zum Beispiel in Grün erstrahlt.

Es ist aber auch eine Frage der Machtübergabe. Darum stellt diese Entscheidung für viele Unternehmen auch ein Existenzproblem dar. Zum ersten Mal müssen sie Macht an den Kunden abgeben. Der individuelle Kunde, wie bereits schon öfters erklärt, will nicht Produkte kaufen, die der Unternehmer für gut hält. Der Kunde will das Produkt mitentwickeln. Er ist Prosument! Auf lange Sicht bleibt allen Marktteilnehmern keine andere Wahl, als die Macht dem einzelnen Kunden zu übergeben. Nur so werden sie in Zukunft Umsätze erzielen können. Das würde auch für Herrn Bürger von ZiC'nZaC gelten. Denn wenn er das Internet noch konsequenter nutzt, dann lässt sich sicher noch mehr Erfolgspotenzial ausschöpfen.

Unternehmen können das Internet aber auch nutzen, um auf sympathische Weise Vertrauen zum Kunden aufzubauen. Das Geschäft folgt erst in den nächsten Schritten. Hätten Sie jemals gedacht, dass Sie eines Tages Kekse als Werbeflyer, Werbegeschenke oder sogar als Give-Aways rausgeben könnten? Die Juchem Food Ingredients GmbH im saarländischen Eppelborn erweist sich mit den sogenannten Qkies als sehr kreativ. Qkies sind essbare Kekse, die einen QR-Code enthalten. Qkies ist die Wortkombination aus QR-Codes und Cookies. Wenn der neugierige Kunde den QR-Code scannt, landet er auf eine hinterlegte Webseite oder Landing-Page. Je nachdem, auf welche Seite Sie Ihre Kunden führen wollen. Unternehmen können die Kekse als Werbegeschenke auf der Messe herausgeben. Die Neugier der Menschen, was sich hinter den Qkies befindet, ist in der Regel sehr groß.

Zukünftig will das Unternehmen auch sogenannte „Glücks-Qkies", also Glückskekse mit QR-Code, verkaufen. Hinter dem QR-Code versteckt sich eine Datenbank mit 500 Sprüchen. Besonders intelligent ist dabei, dass diese Datenbank zufällig den Spruch des Tages auswählt. Das heißt, mit jedem neuen Scan des QR-Codes wird der Kunde mit einem neuen Spruch überrascht.

Heute gelten diese Grundideen noch als sehr innovativ. Nutzen Sie es, bevor es zum Mainstream wird. Für viele Unternehmen wird die konsequente Individualisierung ihres gesamten Angebotes der wichtigste Schritt sein. Wenn wir den Kunden erst einmal gewonnen haben, müssen wir ihn zu einem dauerhaften begeisterten Fan machen. Und das geht am besten, indem er als individueller Kunde im Mittelpunkt steht. Die Frage lautet darum: Wie kann man auf eine andere Art und Weise das Internet für sich nutzen? Gibt es einen Verkaufsweg, der jenseits der Suchmaschinen-Optimierung läuft und es ermöglicht, eine Marke aufzubauen, die dafür sorgt, dass man gefunden wird? Mit anderen Worten geht es um eine einzige Frage: Gibt es eine Lücke im Internet, mit der Sie besser und einfacher gefunden werden als alle anderen? Die Antwort lautet ja. Ob Sie es als

Lücke bezeichnen, entscheiden Sie. Wenn man versteht, nach welchen Regeln Google denkt und arbeitet, kann man ein anderes System aufbauen. Dazu muss man sich einmal genau ansehen, wie das Suchbild von Google aussieht. Dort kann man die Chancen bereits erkennen. Google stellt einige Themen besonders heraus. Wir haben es als iCheck zusammengefasst. Zwei wichtige Schritte sollen hier erwähnt werden. Der Erste ist bereits sehr entscheidend: Was genau suchen Ihre Kunden im Netz?

Alles beginnt schon beim Keyword. Das Ziel muss es sein, mit dem Begriff, der gesucht wird, auf die erste Seite von Google zu gelangen. Google wird immer der Domain einen hohen Stellenwert einräumen, die exakt dem gesuchten Wort entspricht. Wobei man wissen muss, dass oft mehr als nur ein Wort gesucht wird. Wer ernsthaftes Interesse hat, gibt meistens mehr als ein Wort ein. Google bietet ein Sesam-öffne-dich-Tool mit dem Namen Keyword-Search-Tool. Dieses Tool sagt Ihnen genau, wie oft ein Keyword international und national gesucht wird. Google wird hier richtig intelligent und listet auch Begriffe auf, die direkt mit dem eingegebenen Wort zusammenhängen. So kommen Sie auf neue Begriffe. Ein Seminarteilnehmer hatte die Domain "Büroeinrichter" gesichert. Das Keyword-Search-Tool zeigte aber nur rund 270 Anfragen pro Monat an. Bei dem Keyword "Büroeinrichtung" sah es mit rund 27.000 Suchanfragen schon ganz anders aus.

Wichtig ist mir dabei noch einmal die Bedeutung. Wir machen häufig den Fehler, dass wir Domain-Begriffe schützen, die wir als wichtig einstufen. Doch gerade das ist uninteressant! Sie müssen das schützen, was Ihre Kunden suchen! Denken Sie mit den Augen des Kunden! Ich bin überzeugt davon, dass wir immer noch eine Gründerzeit im Internet haben. Aber das Zeitfenster dauert nicht mehr allzu lange. Wenn Sie jetzt wissen, was Ihre Kunden suchen, haben Sie bereits den ersten entscheidenden Schritt getan. Schützen Sie viele Domains. Sie kosten nur rund 15 Euro pro Jahr.

Die größte Chance im Internet stellt übrigens das Video dar. Nach unserer Recherche nutzen 98 Prozent nicht die Chance, durch Videos im Internet schneller gefunden zu werden. Dabei steckt dort das größte Potenzial, Kunden zu gewinnen. Warum? Videos sind Eye-Catcher, digitale Verkäufer und werden sieben Mal häufiger angeklickt als ein Text. Zudem genießen Videos bei Google eine hohe Trefferquote. Sie können Produkte im Internet viel besser und überzeugender vermarkten als ausschließlich mit einer Text-Beschreibung. Außerdem können Sie so Emotionen rüberbringen, um zu zeigen, was Ihr Produkt ausmacht. Immerhin sind es letztlich Emotionen, die die Menschen kaufen. Wenn Sie Ihren Kunden vor die Kamera holen, kann er viel besser argumentieren als Sie. Sie wollen verkaufen, er will und kann begeistern. Allerdings ist ein einziges Video zu wenig. Sie müssen am besten das Netz mit Videos fluten. Viele glauben, wenn sie ein Imagevideo ins Netz stellen, reicht das aus. Doch der Kunde will heute Details, Infos und klare Hilfen. Da wir Videos produzieren und verkaufen, wissen wir, worüber wir reden. Als eine erste kostengünstige Lösung bietet sich Youtube an. Jeder Nutzer kann sich einen eigenen TV-Kanal anlegen. Verbinden Sie also Ihr Video mit den entsprechenden Keywords, mit denen Sie gefunden werden. Die goldene Ära für Unternehmen steht hier erst am Anfang.

Praxisübung – Das fünfte „i": Interagieren! Machen Sie Ihren Kunden zum Produzenten!

Der Kunde will heute interagieren und wird zum Verkäufer. Räumen Sie dem Kunden Platz im Unternehmen ein, sodass er selbst Hand anlegen kann. Machen Sie ihn zum Produzenten! Welche einzelnen Kaufschritte können Sie in Ihrem Unternehmen interaktiv gestalten?

Sie sind dran!

_____

_____

_____

_____

_____

_____

_____

_____

_____

_____

_____

_____

_____

_____

_____

_____

_____

_____

_____

_____

_____

_____

_____

_____

_____

_____

_____

_____

_____

_____

_____

_____

_____

Kapitel 6
Das Kerngeschäft ist der Mensch
Warum der Mitarbeiter anders arbeiten wird

Die Situation für Unternehmen ändert sich in den nächsten fünf bis zehn Jahren radikal. Vorangetrieben wird diese Entwicklung durch mehrere Faktoren, die in einen Konzentrationsprozess münden. Am Ende wird der Mitarbeiter in einem neuen Licht erscheinen. Schon heute müssen Firmen sich auf eine veränderte Mitarbeiterwelt einstellen, die erst morgen ihre Auswirkungen zeigen wird. In der jüngsten Vergangenheit hielt ich einige Vorträge auf Personalkongressen, darunter auch auf dem größten Personalkongress Deutschlands, den ich eröffnen durfte. Im Raum saßen rund 100 Teilnehmer. Irgendwie wollte ich alle wachrütteln, und deshalb begann ich meine Rede so: „Sie verlieren gerade Ihren Job! Sie merken es nur nicht!" Schlagartig saßen alle hellwach auf ihren Stühlen. Mein Argument für diesen provokativen Einstieg war, dass wir in einer Zeit leben, in der sich Firmen bei den Mitarbeitern bewerben müssen. Und nicht mehr umgekehrt. Das ist allerdings bei den meisten Unternehmen noch nicht angekommen.

Viele Branchen leiden schon heute unter dem Mangel qualifizierter Mitarbeiter. Außerdem nimmt die Zahl der jungen Beschäftigten ab. Manche große Unternehmen reagieren darauf, indem sie mit „Employer Branding" eigene Programme auf die Beine stellen. Zu den ersten deutschen Unternehmen, die Employer Branding umgesetzt haben, zählen die Lufthansa, Continental, McKinsey & Company und seit 2010 die Techniker Krankenkasse. Eine tragende Rolle kommt dabei den Mitarbeitern zu, die zunehmend als eigenständige Mitunternehmer agieren. Denn es sind letztlich die Rahmenbedingungen in der Firma, die darüber entscheiden, wie gut ein Unternehmen auf die individuellen Bedürfnisse seiner Kunden eingehen kann. Employer Branding steht für die Arbeitgebermarke und umschreibt die Wahrnehmung von außen als attraktiver Arbeitgeber. Dieses Konzept wird allerdings nur dann erfolgreich sein, wenn dahinter keine leeren Floskeln stecken – denn das kommt leider viel zu oft vor. Ebenso muss es identisch sein mit der individuellen Kundenstrategie. Unternehmen, die auf Dauer erfolgreich sein wollen, müssen sich überlegen, für welche Werte und Lösungen sie im Kopf des Kunden stehen wollen. Erst wenn diese Grundsatzentscheidung getroffen worden ist, kann man die Mitarbeiter auf den individuellen Kunden einstimmen.

Heute sucht der Mitarbeiter das Unternehmen aus. Doch wie viele Unternehmen entwickeln bereits eine Sales Story, damit der neue Mitarbeiter bereit ist, bei ihnen anzufangen? Die Suche nach geeigneten Kandidaten bedeutet heute verkaufen pur, denn darum geht es dem Bewerber. Er will wissen, was Sie ihm bieten können. Könnten Sie in wenigen Sekunden einem potenziellen Mitarbeiter erklären, warum er ausgerechnet bei Ihnen anfangen soll? Diese Frage stellt er sich, wenn er Ihre Stellenanzeige liest.

Bereits in den Neunzigern stellte Xerox fest: Kundenzufriedenheit allein reicht nicht aus, um Geschäftserfolge zu erzielen. Die Produkte im Unternehmen, das Gebiet und auch die Voraussetzungen waren im Unternehmen zwar überall gleich, aber das Ergebnis fiel überall ganz anders aus. Was fehlte in den einzelnen Filialen? Die Mitarbeiterzufriedenheit. Xerox konnte mit einer Studie nachweisen, dass nur zufriedene Mitarbeiter zufriedene Kunden schaffen. Seither ist viel passiert. Nun erleben wir die Steigerung dieser Entwicklung und beobachten, dass wir nicht mehr die richtigen Mitarbeiter kriegen und diese Generation ganz andere Forderungen stellt. Die Ära des individuellen Mitarbeiters ist in vollem Gange. Genauso wie der Kunde möchte auch er heute individuell behandelt werden. Darum können Sie heute sagen: Nur individuelle Mitarbeiter schaffen individuelle Kunden. Damit brauchen wir hierzulande einen neuen Führungsstil, der sich von der alten Welt verabschiedet. Ein Führungsstil, der auf die Bedürfnisse des einzelnen Mitarbeiters eingeht. Er muss die Interessen des Unternehmens mit den Interessen des Mitarbeiters und des Kunden in Einklang bringen. Das sind die neuen Rahmenbedingungen. So betrachtet ist zwar der amerikanische Ansatz „No Client, no Company" nach wie vor richtig. Um ihn zu erfüllen, sind aber weitergehende Maßnahmen notwendig.

IBM gilt als Vorreiter, der viele Themen schneller aufgreift als andere, wie zum Beispiel die Mitarbeiterführung. So lud mich der Technologiekonzern ein, einen Vortrag vor Führungskräften zu halten. Für mich war es eine Herausforderung, da ich nicht das wiederholen wollte, was andere Redner schon vorweggenommen hatten. Darum wollten wir an das Thema unbedingt anders herangehen und stellten ein Modell auf, wie wir uns die Mitarbeiterführung von morgen vorstellen. Ziel war es, einen Querdenker-Ansatz zu bieten. Um eine Antwort darauf zu finden, hilft uns der eigene Umgang mit unseren Mitarbeitern, die für mich Mitunternehmer verkörpern. Der Inhalt des IBM-Vortrags spiegelte einfach die Art und Weise wieder, wie ich mein Unternehmen führe. Und ich glaube auch, dass dieses Modell auf die meisten Firmen übertragbar ist. Doch der Reihe nach. Der Vortrag sollte um 11 Uhr in Mainz am 11.11. beginnen. Das ist kein Scherz! Wer sich mit Karneval auskennt, weiß, wofür dieses Datum steht. Es ist der Beginn der Narrenzeit und wird genau um 11.11 Uhr am 11.11. gefeiert. Unser Veranstaltungsraum befand sich in der Mainzer Kongresshalle. Nebenan feierte die Mainzer Fastnachtgesellschaft. Das hatte ich beim Reinkommen gelesen. Der Start des Vortrags verzögerte sich. Doch dann sprach der Vorstand endlich ein paar Eröffnungsworte. Während ich mich zur Bühne begab, hatte ich einen spontanen Einfall. Er war mutig. Aber ich wusste, er könnte klappen. Die Wanduhr zeigte auf 11.09 Uhr. Ich ging in Richtung

Rednerpult und stellte mich dahinter. Ich sagte nichts. Alle waren total verwundert und schauten sich gegenseitig an. Ein Teilnehmer rief: „Schalten Sie das Mikrofon ein!" Das waren für mich die längsten 100 Sekunden auf einer Bühne. Doch es hatte sich gelohnt. Mein Kalkül ging auf. Um 11.11 Uhr hörte man aus dem Nebenraum der Mainzer Fastnachtsgesellschaft ein gigantisches Lachen, Klatschen und Getöse. Jetzt war es bei diesem Lärm für mich unmöglich, mit meinem Vortrag zu starten. Als es im Raum schließlich etwas ruhiger wurde, begann ich mit den ersten Sätzen, die so lauteten: „Meine sehr verehrten Damen und Herren, ich kann jetzt wieder von der Bühne runter. Das Führungsmodell der Zukunft haben Sie gerade drüben im Raum nebenan gehört: Spaß! Wenn es Ihnen gelingt, diesen Faktor in Ihre Firma zu integrieren, haben Sie gewonnen!" Selten habe ich so verblüffte Gesichter gesehen wie an diesem Tag. Viele Teilnehmer stellten sich jedoch die Frage, was eine Karnevalsveranstaltung mit dem mittlerweile zweitwertvollsten Unternehmen der Welt zu tun hätte. Nach meiner Überzeugung sehr viel!

Im Verlauf meines Vortrags habe ich dann unser Modell erklärt. Wir haben uns gefragt: Was können wir tun, damit Mitarbeiter nicht nur zur Arbeit kommen, sondern freiwillig länger bleiben und auch am Wochenende Ideen entwickeln? Was können wir tun, damit sie sich auf der Arbeit dermaßen ins Zeug legen und ein Engagement mitbringen, das man nicht kaufen kann? Die Antwort ist einfach. Damit uns dies gelingt, brauchen wir eine neue Form der Führung. In einem Führungsseminar einer unserer Kunden entwickelten wir eine Grundidee, die erstaunlich einfach ist. Nehmen Sie am besten einen Stift und schreiben Sie einmal auf, wie ein idyllisches Familienleben aussieht. Und schon kommen Sie schnell darauf, dass Themen wie Vertrauen, sich gegenseitig helfen und Spaß haben eine gesunde Familie ausmachen. Aber auch das gemeinsame Feiern und auch die Möglichkeit, etwas manchmal mit offenen Worten auszutragen, gehören dazu. Selbstverständlich zählt auch die Liebe dazu, die miteinander alles wie ein unsichtbares Band verbindet. Wenn Sie sich für diese Aufgabe genügend Zeit nehmen, kommen Sie schnell auf über 20 Punkte, die eine Familie ausmachen. Stellen Sie sich im nächsten Schritt die Frage, wenn Sie auf dem Blatt oben Familie wegnehmen und Firma darüber schreiben: Was von all den gesammelten Punkten können Sie wegnehmen? Im Grunde genommen sind es die gleichen Spielregeln der Zusammenarbeit. Damit war für uns das „Family Concept" als neuer Führungsstil im Unternehmen geboren.

Was ist die wichtigste Aufgabe einer Führungskraft? Als Vorgesetzter habe ich das Ziel, dafür zu sorgen, dass meine Mitarbeiter selbst erfolgreicher werden. Die Führungskräfte von morgen sind eher Coaches, die individuell auf ihre Mitarbeiter eingehen können. Individuell deshalb, weil wir noch nie alle Angestellten gleichbehandeln konnten. Es aber dennoch oft getan haben, was zu enttäuschten Ergebnissen führte. Jeder Mensch ist einzigartig. Dieses Wissen muss in Zukunft im Vordergrund stehen. Heute gibt es sehr qualifizierte und nützliche Möglichkeiten, um die persönlichen Motive und Ziele des einzelnen Mitarbeiters zu ermitteln. In jüngster Zeit hat sich vor allem das Reiss-Profil als sehr hilfreich und praktikabel erwiesen. Man muss im Hinterkopf behalten, dass nicht jeder Mensch für jede Arbeit geeignet ist. Frau Krause verkauft lieber, als dass sie den ganzen Tag frustriert im Büro sitzt und Kundenordner anlegt. Herr Schneider besitzt die tolle Fähigkeit, die Produktionshelfer zu Höchstleistungen zu motivieren, während Frau Bährens lieber mit den Kunden spricht und sie so zum Kauf motiviert. Wenn aber jemand dauerhaft eine Arbeit macht, mit der er sich nicht identifizieren kann, dann bringt das für den Einzelnen sogar gesundheitliche Schäden mit sich. Außerdem können sie die vom Unternehmen vorgegebenen Ziele nicht erfüllen. Heute geht es um die individuelle Führung des Mitarbeiters.

Die Führungskräfte von morgen müssen sowohl fordern als auch fördern. Das ist wichtiger als der Aufstieg und eine Gehaltserhöhung. In der alten Welt hielt man diesen Ansatz noch für selbstverständlich: Wer seine Mitarbeiter motivieren wollte, der musste ihm mehr Geld auszahlen. In den Neunzigern hatte zum Beispiel die Druckerei einer regionalen Tageszeitung in Nordbayern jedem Angestellten 300 Euro in die Hand gedrückt. Es war ein Dankeschön an die Mitarbeiter, die extra am Samstag zur Arbeit erschienen sind. Denn die Auftragslage war super und die Unternehmen wollten ihre Liefertermine unbedingt einhalten. In der heutigen Welt, die wissensbasiert ist, ist Geld nicht immer die richtige Lösung. Heute zählen für das Individuum in der Firma ganz andere Werte. Firmenziele, Respekt und Arbeitsatmosphäre spielen für den Einzelnen eine weitaus wichtigere Rolle als nur das Gehalt. Glücksforscher bestätigen: Der Mensch ist wesentlich komplexer. Während sich die Buchhalterin Frau Fischer über eine Gehaltserhöhung freut, weil sie bald mit ihrem Lebenspartner in Urlaub fliegt, zuckt der 26-jährige Ingenieur bei einer Gehaltserhöhung um 150 Euro nur mit den Schultern, weil er es für wichtiger hält, freitags nur für seine Familie da zu sein. Nichts löst eine größere Wirkung aus, als dem Einzelnen das Gefühl zu geben: „Sie sind uns wichtig!"

Wer seine guten Mitarbeiter wie High Potentials halten will, muss sie mit ihren ehrgeizigen Karriereplänen fördern. Viele Unternehmen sehen jedoch in den Berufszielen des einzelnen Mitarbeiters nach wie vor eine Bedrohung. Dabei könnte für Unternehmen dort die Chance stecken, um völlig neue Märkte zu besetzen. Unternehmen, die das konsequent umsetzen, werden auf treue und hoch motivierte Mitarbeiter stoßen, die als Gegenleistung gerne Überstunden machen. Hier greift noch einmal die Erkenntnis, zu der Xerox gelangt ist. Ist die Zufriedenheit unter den Angestellten gut, steigt automatisch der Umsatz. Der Mitarbeiter fühlt sich als Teil des Ganzen und redet auch in der Freizeit gerne über das Unternehmen. Er wird zum Botschafter, damit neue Bewerber automatisch zu Ihnen finden! Firmen, die diese Faktoren ignorieren, werden bald nur noch auf dem Papier existieren. Doch der neue Führungsstil geht darüber hinaus. Er muss die Arbeitszeiten flexibler gestalten, die Arbeit von zu Hause erlauben und die Bezahlung für jeden Einzelnen anpassen. Natürlich bin ich mir bewusst, dass das gegen die bisherigen Regeln verstößt. Ich denke da nur an die Regularien der Gewerkschaften, die so etwas erschweren. Dennoch kann ich mir vorstellen, wenn sich beide Parteien an einen Tisch setzen, dass auch hier neue Formen der Zusammenarbeit entstehen. Der Mitarbeiter ist zwar individuell, aber es hat auch Vorteile für ihn, in einer starken Gemeinschaft zu sein. Je mehr ich die bisherigen Führungsstile mit der dynamischen Welt um uns herum vergleiche, desto mehr wird mir bewusst: Die Zeit des konservativen und autoritären Chefs neigt sich dem Ende entgegen. Nur mit einem neuen Führungsstil können wir am Ende adäquat auf den neuen Kundentyp eingehen.

Selbstverantwortung wird einer der wichtigen Trends in der Gesellschaft von morgen sein. Seit einiger Zeit können wir beobachten, wie Burn-out-Fälle dramatisch zunehmen. Fast alle führenden Zeitschriften haben darüber berichtet. Einer Studie der IG Metall von 2011 zufolge hat die psychische Belastung am Arbeitsplatz zugenommen. Das Statistische Bundesamt verkündet sogar, dass der Arbeitsstress die Krankenkassen jährlich mit 27 Milliarden Euro belastet. Um diese tickende Zeitbombe aufzuhalten, raten Interessengruppen wie die IG Metall zu mehr Prävention. Jeder Mensch wird im Alltag überlegen, wie man sich selbst gesund hält. In Zukunft werden ebenso medizinische Behandlungen auf jeden Patienten abgestimmt werden. Während früher die Ärzte bei jedem Patienten mit den gleichen Symptomen die gleichen Arzneimittel verschrieben hatten, soll nun jeder Patient eine Vorsorge, Diagnose und Behandlung erhalten. Nicht nur die Empfänglichkeit der verschriebenen Medikamente wird dabei berücksichtigt, sondern auch die DNA-Sequenzierung des Patienten mit einbezogen. So kann man anhand der DNA-Bausteine sofort erkennen, wie ein bestimmtes Eiweiß seine Funktion verändert, sobald ein Medikament seine Wirkung im Körper entfaltet. So können Nebenwirkungen noch gezielter vermieden werden. Diese fortlaufende Entwicklung nennt man individualisierte Medizin.

Der einzelne Mitarbeiter wird sich immer mehr auch nach seinem Inneren richten müssen, um sein Berufsleben in Einklang mit seiner Gesundheit zu bringen. Die Wirtschaft wird auf diese Umstände reagieren müssen. Die McKinsey-Studie „Women Matter" von 2012 zeigt, dass bereits viele große Unternehmen bemüht sind, besonders für Frauen flexible Arbeitszeitmodelle anzubieten. So kann eine frischgebackene Mutter nach der Elternzeit die Arbeit von zu Hause aus erledigen. Laut der Wirtschaftszeitung Handelsblatt setzen diese Modelle immerhin schon mehr als ein Drittel der mittelständischen Unternehmen um. Darunter zählen auch die Home-Office-Lösungen. Im Augenblick sind solche Arbeitszeitmodelle unter Mitarbeitern ab 45 sehr gefragt. Junge Menschen bevorzugen noch den direkten Weg ins Büro, um erste Berufserfahrungen vor Ort zu sammeln. Ich bin aber überzeugt davon, dass in Zukunft auch die junge Generation flexible Arbeitszeitmodelle in Anspruch nimmt.

Mit Home-Office-Lösungen können Unternehmen die Arbeit des Mitarbeiters an seine aktuelle Lebenssituation anpassen. Für jeden Menschen, der Familie hat, entstehen so viele Vorteile. Er kann seine Arbeit mit seinem Familienleben vereinbaren, er ist flexibel in der Zeiteinteilung, erspart sich den Pendlerweg und kann schon zu Hause mit der Arbeit beginnen. Die deutsche Gesellschaft hat mittlerweile gelernt, dass Frauen einen wichtigen Beitrag in der Wirtschaft leisten können. Im Zeitalter fehlender Fachkräfte gelten sie für die deutsche Wirtschaft als die große Chance. Die Telekom war das erste Unternehmen, das hierzulande eine Frauenquote in der Führungsetage einführte. Auch hier wird in den nächsten Jahrzehnten kein Stein auf dem anderen bleiben. Experten sind sich heute einig, dass die Finanzkrise nicht zuletzt ein Produkt männlichen Risikoverhaltens war. Doch die Wirtschaft verlangt neue Werte wie Intuition, Bauchgefühl und emotionale Intelligenz, um zukünftige

Krisen wie die vergangenen zu verhindern. Studien belegen, dass eine weiblichere Wirtschaft krisenfester sei. Die Förderbank KfW hat zum Beispiel herausgefunden, dass Frauen als Unternehmerinnen wesentlich vorsichtiger seien als Männer. Außerdem ließen sie sich nicht so schnell vom übertriebenen Fieber der Begeisterung anstecken, so Anlageexperten. So entsteht auf lange Sicht ein flexibleres und weniger krisenanfälligeres Wirtschaftssystem, das wiederum zu einem offeneren Arbeitszeitmodell führen könnte.

Männer wie Frauen werden zukünftig ihr Arbeitsleben völlig anders gestalten. Sie werden erkennen, dass es auch einen Triumph des einzelnen Mitarbeiters geben wird. Firmen werden sich darauf einstellen müssen. Der neue Mitarbeiter wird in eine individuelle Lebensplanung einsteigen und ist dann Unternehmer seines eigenen Erfolgs. Familienunfreundliche, unflexible Arbeitszeiten führen dauerhaft zu einer hohen Fluktuation. Und das führt wiederum zu einer hohen Unzufriedenheit unter den Mitarbeitern, was die Umsätze beeinträchtigt. Es ist ein Teufelskreis! Dass es sich lohnt, auf die Lebensumstände der einzelnen Mitarbeiter einzugehen, beweist das Technologie-Unternehmen 3M Deutschland. 2010 und 2011 wurde es zweimal in Folge als bester Arbeitgeber Deutschlands prämiert. Mitarbeiter, die frisch von der Uni kommen, wollen anders arbeiten als Menschen, die gerade Eltern geworden sind. Auch die älteren Menschen stellen sich ihren Arbeitsalltag ganz anders vor. Das wird nur funktionieren, wenn man den Menschen konsequent in den Mittelpunkt der Unternehmensstrategie stellt. Der Knowledge Worker wird so entlastet und für ihn entstehen Freiräume für neue Ideen, die er zugunsten des Unternehmens einbringen kann. Sein Wissen wird zum Kapital. Man weiß, dass Unternehmen inzwischen händeringend Mitarbeiter suchen, die mit Ihrem Expertenwissen neue Ideen und Lösungen einbringen können. Dementsprechend wird es immer mehr erfolgsabhängige Gehälter geben, die an die Erreichung von Leistungszielen gebunden sind. Erzielt das Unternehmen über das Normalmaß hinaus einen geschäftlichen Sondererfolg, werden die Mitarbeiter daran teilhaben. Mitarbeiter können sich im Unternehmen individuell entscheiden, welche Jobs sie machen wollen. Die eigene individuelle Jobdeskription wird mit dem Unternehmen vereinbart, und dann geht es los. Dazu gehört beispielsweise auch, dass das Unternehmen ein Sabbatjahr unterstützt, falls der einzelne Mitarbeiter das wünscht.

Den Wert des neuen Mitarbeiters hat auch das deutsche mittelständische Unternehmen BLANCO erkannt. Seit Jahren zählt es zu den Marktführern für Küchenarmaturen und wird unter den Mitarbeitern für die vielfältigen Gestaltungsräume geschätzt. Hier kennt die Führung jeden Mitarbeiter persönlich und geht individuell auf seine Bedürfnisse ein. Mindestens zweimal im Jahr spricht die Führungsetage mit ihm über seine berufliche Weiterentwicklung und seine persönlichen Ziele und versucht sie mit denen des Unternehmens zu vereinbaren. Jeder Mitarbeiter soll so die Möglichkeit erhalten, sich mit seinen besonderen Stärken, mit seinen Erfahrungen und seiner persönlichen Geschichte in die Firma einzubringen. BLANCO ist überzeugt: Nur wenn jeder Mitarbeiter sich mit seinen Stärken und Interessen einbringen kann, kann die Firma auf jeden Kunden besser eingehen. Der Grund dieser Mitarbeiterstrategie ist einfach: BLANCO besetzt vor allem internationale Märkte und macht dort rund zwei Drittel des Umsatzes. Auf Dauer kann das Unternehmen aber nur erfolgreich sein, wenn es individuell auf die unterschiedlichen Märkte und Menschen eingeht. Darum setzt es auf die Individualität der Mitarbeiter.

Die Rolle der zukünftigen Führungskraft im Unternehmen wird sich zwangsläufig verändern. Die Hierarchieebenen müssen überschritten werden und eine demokratische Community entsteht. Mitarbeiter begegnen sich auf gleicher Ebene und wählen untereinander die neuen Führungskräfte, weil Führung nun erworben und nicht mehr verliehen wird. So ist keiner der Mitarbeiter auf Dauer in dieser Position, sondern es findet regelmäßig ein Wechsel statt. Jeder Einzelne hat die Möglichkeit, ein Projekt voranzubringen. So kann das Kompetenz-Potenzial jedes Einzelnen ausgeschöpft werden, weil jeder die Chance hat, als Teamplayer Verantwortung zu übernehmen. Zudem werden Leadership-Skills durchgehend aktualisiert und weiterentwickelt, was das Unternehmen weiter wachsen lässt. Aber nicht nur eine neue Art der Führungskraft entsteht, sondern auch ein neuer Typ Mensch als Mitarbeiter. Er muss für den Kunden Lösungen schaffen, die punktgenau passen und nicht von der Stange sind. Dafür muss er mit der Fähigkeit ausgestattet sein, immer wieder neu zu denken und sich auf Neues einzulassen. Um den Erfolg des Ganzen immer weiter wachsen zu lassen, muss sich der Mitarbeiter auch immer wieder fragen, ob das, was er macht, noch richtig ist oder ob er seine Aufgaben auch anders lösen kann.

Eine große Rolle, um diesen Herausforderungen gewachsen zu sein, werden technologische Innovationen spielen. Ich habe den Eindruck, dass wir auch hier erst ganz am Anfang stehen. Eine der Entwicklungen, die unser Alltagsleben einfacher und individueller machen wird, ist die künstliche Intelligenz. Dieser Trend wird ein Motor für die Individualisierung des Kunden sein. Weltweit sind Unternehmen aktiv, um damit neue Service-Konzepte zu realisieren. Vorneweg geht wieder einmal Apple, allerdings auch hier dicht gefolgt von Google. Apple hat mit dem System Siri einen ersten Schritt getan, indem es einen Assistenten auf den Markt gebracht hat. Es ist abzusehen, dass bald ein Assistent unseren Alltag begleiten wird. Er kennt unsere Lieblingsrestaurants, unsere Lieblingsgerichte und unsere favorisierten Schauspieler. Ich kann verstehen, dass sich bei Ihnen vielleicht jetzt Widerstand aufbaut, während Sie diese Zeilen lesen. Aber wir reden hier über die Möglichkeiten, die sich in Zukunft ergeben können.

Als ich vor einiger Zeit hörte, dass Apple das Unternehmen Siri gekauft hatte, war ich mir sicher, dass das den nächsten großen Schub zur Individualisierung des Kunden vorantreiben wird.

Dementsprechend war ich gespannt, wie Apple mit diesem Schachzug umgehen wird. Vergleichbares hatte bisher noch niemand in seine bestehenden Produkte eingebaut. Wieder einmal hat der Konzern sich als Ziel gesetzt, Einfachheit mit der Individualisierung zu verbinden. Wie Sie es in vielen Science-Fiction-Filmen sehen, kann man nun mit einem System auf natürliche Art und Weise kommunizieren. Fast wie von Mensch zu Mensch. Es können Befehle gegeben werden und Fragen gestellt werden. In Zukunft wird dieses assistierende System unser Hotelzimmer und unsere Flüge buchen, einen Tisch im Restaurant reservieren und selbstständig auf den neuen Film des Lieblingsschauspielers aufmerksam machen. Aufgrund meines Profils wird das bald zur Normalität gehören. Glaubt man Walter Isaacsons Biografie über Steve Jobs, wird diese Technologie auch im Wohnzimmer Einzug halten. Es ist nur noch eine Frage der Zeit, bis Apple mit seinen Geräten unsere Wohnzimmer revolutioniert. Damit hätte der Konzern den gesamten Beziehungskreislauf zum Kunden vorerst geschlossen. Die Endverbraucher würden seine mobilen Endgeräte unterwegs nutzen, während sie in den eigenen vier Wänden ein Apple iTV verwenden. Apple wird sich auch dieses Mal die Frage stellen, wie sich ein solches Gerät für den Kunden so einfach wie möglich bedienen lässt. Ich gehe davon aus, dass auch hier das Siri-System die Steuerung übernehmen wird.

Die Apple-Lösung stellt nur die Spitze des Eisbergs dar. Ein Schweizer Start-up-Unternehmen sieht ein noch viel größeres Potenzial. Das Unternehmen Ai One ist darauf spezialisiert, individuelle Lösungen zu liefern und entwickelt künstliche Systeme für Sicherheitsdienste. Mithilfe der neuen Technologie können Fahnder in Zukunft anhand eines Schuhs oder eines Gesichts ein individuelles Profil erstellen. Als ich das Unternehmen in Zürich besuchte, wollte ich mehr erfahren und fragte deshalb nach, was denn der wirkliche Unterschied zwischen herkömmlichen Systemen und diesem intelligenten Konzept ist. Die Antwort kam postwendend: „Angenommen, man plant einen Flug von Zürich nach San Diego, dem

Hauptsitz des Unternehmens in den USA. Dann werden Ihnen alle herkömmlichen Anbieter im Tourismus die üblichen Routen anbieten. Und diese sind dann festgelegt. Man benutzt sogenannte Hubs, also Airport-Knoten, über die alles läuft. So schlägt das System eine Route mit den entsprechenden Preisen vor. Das ist heute die übliche Vorgehensweise. Doch in Zukunft wird Folgendes passieren: Das System fragt zurück: „Wollen Sie klassisch fliegen oder darf ich Ihnen auch eine Alternative vorschlagen?" Die Alternative kann zeitlich und kostenmäßig sogar erheblich besser und günstiger sein. Ein individueller Vorschlag könnte so lauten: Sie fliegen bis Los Angeles und nehmen sich dann einen Leihwagen bis San Diego. Oder Sie nehmen einen Regionalflieger, der direkt von Los Angeles nach San Diego geht. Damit hätten Sie Zeit und Kosten eingespart. Möglich wird das sein, weil das System über die verknüpfte Intelligenz neue Lösungen anbietet. Nach Angaben dieses Unternehmens holt sich das System die Informationen aus dem Internet und wertet sie zuerst selbst aus, bevor sie dann an den Endverbraucher weitergegeben werden. In Zukunft wird das sicherlich mit einer sprachgesteuerten Eingabe möglich sein, ähnlich wie bei Apple, und schon hat man immer seinen individuellen Reise-Assistenten dabei. Denken wir hier an die Tourismusbranche, kann man sich jetzt schon gut vorstellen, welche neuen Geschäftsmodelle dadurch überhaupt erst möglich werden. Wobei es auch nur ein Aspekt eines umfassenden Ansatzes ist, einen eigenen individuellen Assistenten zu schaffen, als Helfer im täglichen Leben.

Dem Menschen durch künstliche Intelligenz den Alltag zu erleichtern, hat sich auch die britische Supermarktkette Tesco zur Aufgabe gemacht. In Südkorea ist das Unternehmen unter dem Namen Home plus vertreten und hat dort ein Konzept entwickelt, um einfacher und schneller den wöchentlichen Einkauf zu erledigen. So ist es möglich, schon einzukaufen, während man noch auf die Bahn wartet. Denn an den Metro-Stationen gibt es fotoreale Nachbildungen von Supermarktregalen und unter jedem der abgebildeten

Produkte befindet sich ein QR-Code, der über ein Smartphone eingelesen werden kann. Schon ist das Produkt im Warenkorb des Home plus Online Shops, und in wenigen Stunden wird die Bestellung zum Konsumenten nach Hause gebracht.

Die künstliche Intelligenz wird ihr Potenzial auch im Machine-to-Machine-Markt entfalten. Der M2M-Markt wird laut Vodafone auf einige Milliarden Euro geschätzt und gilt als einer der größten Wachstumsmärkte. Hier finden die automatische Kommunikation und der Datenaustausch zwar in erster Linie zwischen zwei Geräten oder Maschinen statt, setzt man sie aber intelligent ein, können sie sogar Menschenleben retten. Stephan Schneider von Vodafone, Business Executive, verrät, welche Veränderungen uns schon morgen erwarten. Patienten werden in Zukunft auf mobilen Geräten die Krankenakte mit sich tragen, die Ärzte über eine Cloud im Notfall sofort abrufen können. Bald wird man auch die Möglichkeit haben, seinen Herd per Smartphone auszuschalten. Der sogenannte „PaPeRo"-Roboter wird über mobile Endgeräte Demenzkranke beobachten können. Eines Tages werden die Menschen auch einen modernen Butler namens Asimo, der von Honda entwickelt wurde, an ihrer Seite haben. Vieles wird über die Spracheingabe und die Gestik gesteuert, denn das geht am einfachsten. All jene intelligenten Helfer werden sich aber nur dann in der Gesellschaft erfolgreich etablieren, wenn sie sich einfach und intuitiv bedienen lassen.

Japans größter Autohersteller Toyota sieht darin ebenso einen großen Markt und gründete 2006 eine eigene Roboterabteilung. Seitdem arbeiten die Ingenieure intensiv daran, nützliche Roboter für den Alltag zu entwickeln. Der „Human Support Robot" kann Gegenstände bringen, aufheben, von Regalen herunterholen und Vorhänge auf- und zuziehen. Auch die Medienbranche wird sich dem Nutzen der künstlichen Intelligenz nicht entziehen können. In den USA gibt es bereits einen Anbieter, der diese Idee aufgreift. Narrative Science arbeitet daran, den Lokaljournalismus mithilfe von Robotern kostensparend zu revolutionieren. Die Firma bietet Verlagen geschriebene Stücke von Computern an. Die Computer recherchieren die Informationen im Internet und können diese zu einer Reportage oder einem Lokalbericht zusammenfügen. Noch machen die Roboter viele Sinnfehler, weil sie noch nicht ganz ausgefeilt sind, aber für Medienmacher hätte die künstliche Intelligenz den Vorteil, dass sich die Reporter noch mehr dem investigativen Journalismus widmen könnten. Kristian Hammond, einer der beiden Gründer von Narrative Science, prognostiziert, dass in 15 Jahren 90 Prozent der Texte von Robotern produziert werden. In einigen Jahren könnte sogar ein Roboter den Pulitzer-Preis gewinnen.

Es lässt sich kaum verkennen, dass die künstliche Intelligenz eine assistierende Funktion einnehmen wird. So wartet in der Intralogistikbranche das Unternehmen STILL mit der nächsten Erfindung auf. Das deutsche innovative Unternehmen aus Hamburg ist derzeit der führende Anbieter für die intelligente Steuerung aller Material- und Warenflüsse in einem Unternehmen und hat sich mit den zukünftigen Herausforderungen der Intralogistikbranche befasst und aus verschiedenen einschlägigen Studien acht Megatrends abgeleitet. Darunter zählen auch die Flexibilität und die Individualität, die in der On-Demand-Welt zum entscheidenden Schlüsselfaktor werden. Herausgekommen ist nach intensiver Arbeit der sogenannte Cube XX, der die Rolle von sechs verschiedenen Flurfahrzeugen übernimmt: Routenzug, Gabelstapler, Kommissionierer, Niederhubwagen, Hochhubwagen und Doppelstockfahrzeug. Das innovative Flurfahrzeug vereint sechs Funktionen in einem und lässt sich sowohl automatisiert steuern als auch manuell. In dem Fall lässt sich sogar eine komplette Fahrerkabine ausfahren. STILL zeigt, dass auch deutsche Unternehmen eine Pionierrolle einnehmen können, sofern die Strategie und der Grundgedanke stimmen. Das ist hier auf beeindruckende Weise gelungen. Zudem muss man wissen, dass die Lagerwirtschaft lange Zeit als eine Branche galt, die sich nicht so recht automatisieren lässt. Schon heute nutzen Firmen die

Funktionen der künstlichen Intelligenz, die die Ware des Kunden zusammenstellen. So ist es nicht unüblich, dass ein Roboter eine Waschmaschine, drei Bücher und Lebensmittel zu einer Sendung zusammenstellt. So sieht der Lageralltag zumindest in Ansätzen bei Amazon aus.

Das Unternehmen STILL verfolgt die Strategie, durch technischen Fortschritt die Effizienz von Firmen zu steigern und die Umwelt zu schonen. Dabei sieht es in seinen innovativen Geräten nicht eine Möglichkeit, den Menschen als Arbeitskraft zu ersetzen. Vielmehr will es mit neuen Lösungen intelligente Systeme entwickeln, die auch den demografischen Wandel berücksichtigen. Einerseits will STILL zwar auf die Megatrends wie Flexibilität, Schnelligkeit und Individualität reagieren. Andererseits will das Unternehmen aber auch Lösungen entwickeln, die sich von jeder Altersgruppe bedienen lassen. Um diese Herausforderungen zu meistern, fokussiert es sich auf eine durchdachte Ergonomie und eine möglichst selbsterklärende Bedienung.

Sicher hat diese Entwicklung auch negative Seiten. Aber wer mich kennt, weiß: Diese Fortentwicklung bietet zugleich für die gesamte Gesellschaft gigantische Chancen, mehr Geschäft mit dem Kunden zu machen. Nehmen Sie zum Beispiel nur das Internet. Das World Wide Web hat den Weg zum Kunden perfektioniert. Heute erfahren die Menschen von einem Angebot 24 Stunden rund um die Uhr, 365 Tage im Jahr. Sogar abends, bevor sie ins Bett gehen. Eine Studie des US-Marktforschungsinstitutes Horowitz Associates zeigt anhand von TV-Einschaltquoten, wie Unternehmen durch die intelligente Kombination der alten und der neuen Welt überragende Ergebnisse erzielen können. Man hat herausgefunden, dass junge Menschen eine Show oder Sendung angeschaut haben, weil sie zuvor darüber online oder über soziale Medien gelesen hatten. Außerdem erklärten 14 Prozent aller Erwachsenen, dass sie durch das Internet noch mal an die Ausstrahlung erinnert wurden. Bei den 15- bis 17-Jährigen waren es sogar knapp 30 Prozent. Die Umfrage zeigt: Zur Freude vieler Marktteilnehmer beeinflussen Neue Medien wie Social Media das TV-Verhalten überproportional.

Während der Olympischen Spiele 2012 in London bot der öffentlich-rechtliche Rundfunk seinen Zuschauern erstmals die Chance, aus sechs verschiedenen Live-Streams die Sportart zu wählen. Der Konsument konnte je nach Sport-Geschmack einen passenden Stream wählen. Der TV-Sender ZDFneo bindet seine Zuschauer sogar mit in die Programmplanung ein, indem sie abstimmen können, welches Thema in der nächsten Sendung aufgegriffen werden soll. Einen Vorgeschmack darauf, was uns noch in Zukunft erwartet, zeigt außerdem der US-amerikanische Film „Minority Report". Als Tom Cruise davonläuft und in ein Shopping-Center flüchtet, bekommt er nur die Werbung angezeigt, die für ihn als Kunde sehenswert ist. Eine angepasste Werbung. In der Zukunft werden wir den Tag sicher erleben, an dem wir nur noch das angeboten bekommen, was wirklich für uns Sinn macht. Bis dahin wird es noch ein langer Weg sein.

Obwohl ein Partner von mir bereits verspricht, dass er bald am Verkaufsort genau diese Idee umsetzen will.

Oft beobachte ich, dass Unternehmen noch gar nicht die Chancen sehen, die sich durch diese Form der Kooperation ergeben. Hier ist mehr Geschäft mit neuen Kunden möglich. Und der Kunde lernt Sie über diesen Weg kennen. Es ist jetzt Ihre Aufgabe, den Kunden zu Ihrem Partner zu machen. So konnte Apple vielen Entwicklern mit den individuellen Apps einen völlig neuen Absatzkanal bieten. Und das direkt mehrfach, weil ebenfalls Google und Microsoft in dieses Segment einsteigen. Türsteher der Wirtschaft können einerseits zu ihrem Vorteil agieren, wenn sie einzigartige Produkte anbieten. Andererseits beinhalten diese Unternehmen auch das Risiko, dass man außen vor bleibt. Je austauschbarer das eigene Angebot ist, umso höher ist das Risiko, nicht dabei zu sein. Aber mit individuellen Angeboten für den neuen Kunden sind die Chancen einfach höher. Der neue Kunde hat heute alles zur Verfügung. Er hat die Macht, mit einem Klick zu entscheiden, ob er interessiert ist und sofort kauft oder ob er direkt zum nächsten Anbieter wechselt. Er entscheidet, wie weit er sich auf das Unternehmen einlassen will. Ist es das Unternehmen seines Vertrauens, dann ist er auch bereit, persönliche Informationen preiszugeben.

Der neue Kunde der Zukunft übernimmt mehr und mehr die Führung. Seine Wertvorstellungen formen das eigene Unternehmen. Er will nicht mehr Zaungast sein, sondern mitgestalten. Er will integriert sein und seine Ideen, seine Kontakte und sein Know-how einbringen. Er will Partnerschaft auf Augenhöhe. Jetzt gilt es, ihn noch zu überraschen. Was inspiriert und motiviert Kunden? Begeisterung und Verblüffung. Begeisterung schaffen Sie durch einen besonderen Service, den er in dieser Form noch nicht kennt, oder durch eine verbesserte Servicequalität. Verblüffung schaffen Sie indes, wenn Sie die Grundregeln ändern und ihm etwas anbieten, dass er so noch nicht kennt. Das kann eine individuelle Serviceleistung sein, die er nicht erwartet. Das kann ein Technologiesprung sein, wie es das Siri-System beweist oder ein hilfreicher Ratgeber in Form eines Newsletters. Das kann aber auch eine spannende Zusatzleistung sein.

Praxisübung – Das sechste „i": Inspirieren Sie Ihre Mitarbeiter!

Nehmen Sie sich ausreichend Zeit und überlegen Sie, wie Sie Ihre Unternehmenskultur so ausrichten können, dass Ihre Mitarbeiter jeden Tag inspiriert genug sind, neue Kundenlösungen zu entwickeln. Heute müssen Sie Ihre Kunden begeistern und verblüffen. Das fängt bei den Rahmenbedingungen, sprich den Mitarbeitern, an. Wenn Ihnen das gelingt, inspirieren Sie wiederum Ihre Kunden, die für Sie spontan zu aktiven Verkäufern werden. Verblüffte Kunden sorgen für aktive Mund-zu-Mund-Propaganda und nebenbei machen Sie Ihre eigene Konjunktur!

Sie sind dran!

_____
_____
_____
_____
_____
_____
_____
_____
_____
_____
_____
_____
_____
_____
_____
_____
_____
_____
_____
_____
_____
_____
_____
_____
_____
_____
_____
_____
_____
_____
_____
_____
_____

Kapitel 7

Die große Chance für die kommende Geschäftswelt
Entwickeln Sie jetzt Ihre innovative Kundenstrategie!

Nachdem ich mich mit dem neuen Kunden beschäftigt habe, bin ich überzeugt, dass die nächste innovative Geschäftsstrategie den individuellen Kunden in den Mittelpunkt stellen wird. Sechs Schritte haben Sie in diesem Buch bereits kennengelernt, die sich am Ende für Ihren Geschäftserfolg auszahlen. Wenn Sie jetzt alle Schritte addieren, ergibt sich daraus Ihre innovative Kundenstrategie. Aus meiner Sicht ist jedes Unternehmen einzigartig. Dementsprechend gibt es keine Standardlösung. Es gibt nur Lösungen, die punktgenau auf Ihr Unternehmen zugeschnitten sind. Das wird Ihr größter Wettbewerbsvorteil sein. Ich hoffe, dass Sie dieses Werkzeug die nächsten Jahre begleiten wird. Vielleicht sogar die nächsten Jahrzehnte. Schließlich steht die neue Phase der Kundenorientierung erst ganz am Anfang. Vielleicht wollen Sie Ihr Unternehmen auf dem Markt neu aufstellen? Vielleicht wollen Sie aber auch den Kunden mehr in den Mittelpunkt rücken? Oder Sie fangen sogar mit Ihrer Geschäftsidee erst an? Egal, wo Sie mit Ihrem Unternehmen jetzt stehen. Die sechs Schritte helfen Ihnen dabei.

Sie haben in diesem Buch anhand von vielen Beispielen sehen können, dass Trendsetter die individuelle Kundenstrategie bereits sehr erfolgreich umsetzen. Diese Ausrichtung wird die gleiche Bedeutung gewinnen, wie die erste Entdeckung des Kunden als Business-Modell in den Neunzigern. Unternehmen, die zu den Pionieren der ersten Stunde gehört haben, sind ihren Weg gegangen und zu Marktführern aufgestiegen. Es war am Anfang auch sehr einfach, sich mit wenigen Schritten vom Wettbewerb abzuheben und die eigene Konjunktur zu machen. Oft haben uns Interviewpartner gesagt, dass man bei Weitem nicht alles konsequent umgesetzt hätte. Das hörte sich etwas überspitzt fast wie ein schlechtes Gewissen an. Viel wichtiger ist es aber, einfach anzufangen. Unternehmen konnten so Wachstumsraten von rund 25 Prozent erzielen. Alle diese Unternehmen werden heute sicher bestätigen: In der kommenden Geschäftswelt, in der der globale Wettbewerb noch härter wird, sind Strategien, die ein solches Wachstumspotenzial bieten, eine große Chance. Der Grund dafür ist einfach: Die Strategien heben Unternehmen vom Geschäftsmodell aller bisherigen Ansätze ab. Mit dieser Strategie konnte zum Beispiel www.naturfaserteppiche.de 30 Prozent mehr Umsatz erzielen. Das Unternehmen macht 80 Prozent der Einnahmen durch die Produktion individueller Teppiche, während Standard-Teppiche nur 20 Prozent des Umsatzes ausmachen. www.wolkenwerke.de erzielt durch individuelle Kinderbücher ähnliche Ergebnisse. Das Unternehmen für Maßbekleidung Cove&Co konnte sogar jedes Jahr um eine halbe Million wachsen. Mittlerweile macht es sechs Millionen Euro pro Jahr.

Ich bin außerdem sehr erfreut, Ihnen mitteilen zu können, dass wir bei der Recherche für dieses Buch auf ein Unternehmen gestoßen sind, das durch die individuelle Kundenstrategie seinen Umsatz im Vergleich zum Vorjahr um 100 Prozent gesteigert hat. Der eigentliche Raumausstatter Pillow Factory verdankt seinen Erfolg dem Internet, der Einfachheit und dem Wunsch nach Individualität. Bereits 50 Prozent der Kunden kaufen online. Außerdem beobachtet der Anbieter, dass die Kunden großen Wert auf die Materialien und auf das Herkunftsland legen. Kommt das Kissen zum Beispiel aus Deutschland, weiß der Kunde, dass sich so CO_2-Emmissonen einsparen lassen. Sie sehen, die aktuellen Zahlen bestätigen, dass es für alle Unternehmen mehr als Sinn macht, der Individualisierung höchste Priorität zu schenken.

Wie ein aktuelles eigenes Beispiel gerade wieder einmal zeigt, gibt es allerdings noch Branchen, in denen die Kundenorientierung noch nicht ganz angekommen ist. Konkret geht es um die Automobilindustrie. Während heute jedes Auto, das vom Band läuft, individuell ist, hat sich die Welt bei den Autoverkäufern nach wie vor nicht geändert. Bereits zum Start meiner Laufbahn galten viele als schwierig. Während ich dieses Buch schreibe, interessiere ich mich für ein neues Auto und durchlebe den kompletten Prozess von vorne: „Das Einzige, was stört, ist der Kunde". Es ist wie ein Déjà-vu! Kein Verkäufer ruft mich auf nachdrückliches Bitten zurück. Stattdessen erlebe ich am Telefon uninteressierte Verkäufer, die nur Standardfragen stellen. „Wie finden Sie unseren Service?" „Gut!", sagt der Kunde. „Wie zufrieden waren Sie mit dem letzten Verkaufsgespräch?" „Sehr gut!" Von einem individuellen Kundengespräch ist das aber Lichtjahre entfernt. Da fühle ich mich zehn Jahre in die Steinzeit der Servicewüste zurückgebombt. Wie wollen Unternehmen so herauskriegen, wo beim Kunden der Kittel brennt? Wie wollen sie erfahren, was ihre Kunden wirklich wollen? Erinnern Sie sich noch an den chinesischen Bierhersteller, der die Kneipen besuchte, um mit den Menschen über sein Bier zu reden? Mit Standardfragen hätte er niemals herausgehört, warum die Menschen draußen seine Marke nicht kauften.

Ich komme mir wie ein Bittsteller vor, der froh sein darf, sein Geld loszuwerden. Sicher will ich das nicht über einen Kamm scheren. Das steht mir auch nicht zu. Immerhin gibt es auch sehr gute Beispiele von Unternehmen, die mit dem Kunden richtig umgehen. Das durfte ich in Zürich bei der Emil-Frey-Gruppe erleben, einem der größten Automobilhändler in der Schweiz. Hier steht der Kunde wirklich im Mittelpunkt. Und auch hier trifft wieder die Chance der Individualisierung zu.

Der Geschäftsführer der Züricher Emil-Frey-Gruppe fuhr mich nach einem Seminar freundlicherweise zum Flughafen und erzählte mir, dass ein Autohersteller ein neues Auto vorgestellt hatte, das auf ein extrem großes Interesse stößt. Und es führte zu einer Nachfrage an Probefahrten, die man gar nicht abdecken konnte. Aber, was noch mehr durchschlug, war: Im Verhältnis zu den Probefahrten verzeichnete man viel zu wenige Kaufabschlüsse. Ich ließ mir die Vorgehensweise schildern und so kamen wir der Lösung immer näher. Die übliche Art der Vorgehensweise war, dass man dem Kunden den Wagen zur Verfügung stellt und dann auf die Reaktion wartet. Mein Vorschlag ging in eine andere Richtung: Führen Sie zuerst mit dem Kunden, der eine Probefahrt machen will, ein individuelles Kundengespräch. Alle seine Wünsche fließen mit ein. Der Vertrag war damit bereits fertig, aber noch nicht unterschrieben. Mit dem Bild seines gerade zusammengestellten Wunschautos stieg der Kunde dann ins Probefahrzeug. Nach meinem Kenntnisstand konnten so in Zürich weitaus mehr Bestellungen entgegengenommen werden. Das vorherige Kundengespräch war ein Schlüsselfaktor zum Erfolg, sicher auch das neue Auto – aber das hatten andere Händler auch im Sortiment. Sie sehen: Der individuelle Kunde zählt. Ich bin gespannt, wann diese Erkenntnis endlich bei anderen Autoverkäufern ankommt.

Noch einfacher geht es, wenn Unternehmen bereits eine Beziehung zu ihren Kunden aufgebaut haben. Häufig übersehen Unternehmen, welchen wahren Wert die eigenen Kunden wirklich haben. Als ich mich für einen Workshop vorbereitete, den ich bei einem Unternehmen halten sollte, war das neue Ziel klar: Nach jahrelangen Verlusten sollte die Gewinnzone in möglichst kurzer Zeit mit einer neuen Turn-Around-Strategie erreicht werden. Das Konzept war aus meiner Sicht schlüssig. Aber das Wichtigste war, dass die Führungsmannschaft daran glaubt und es auch konsequent umsetzt. Spätestens da gingen die Meinungen erheblich auseinander. Sie wissen sicher, dass die meisten Veränderungen in Unternehmen daran scheitern, weil die beteiligten Menschen nicht mitziehen. Das hat mit der Strategie erst einmal nichts zu tun. Sondern nur, ob die Menschen einen Sinn sehen, so zu handeln. Bei der Vorbereitung stellte ich mir die Schlüsselfrage: Wie viele Kunden hat dieses Unternehmen? Die Antwort lautete: mehr als 1,5 Millionen! Jetzt war ich mir sicher, dass das Unternehmen eine gute Basis für einen Turn-Around mitbringt. Nun hängt der Erfolg im nächsten Schritt von der Beziehungsqualität ab und ob das Management an die neue Strategie glaubt. Das Potenzial ist vorhanden. Meine berechtigte Frage auf einer Skala von 0 bis 100 lautet: „Wie hoch ist die Beziehungsqualität zu Ihren Kunden?" Wir haben nachgewiesen, dass der zufriedene Kunde mehr kauft, aktiver in der Vermittlung ist und zum Botschafter Ihres Unternehmens wird, wenn die Beziehung zu ihm stimmt. So zieht er neue Kunden an. Er erwartet aber eine aktiv gelebte Beziehung, die auch eine Form der Absichtslosigkeit hat. Nicht jeder Kontakt muss automatisch dem Geschäft dienen. Wir sind zu sehr daran gewöhnt, dass nichts ohne Gegenleistung läuft.

Schaffen es Firmen, aus zufriedenen Kunden sogar begeisterte oder noch besser verblüffte Kunden zu machen, so haben sie eine Pole-Position im Markt erreicht.

In der nächsten Stufe macht das Unternehmen den Kunden zum Partner und übernimmt für diese Art der Beziehung die Verantwortung, indem es mit einer Akademie hilft, die Qualifikation der kundeneigenen Mitarbeiter zu steigern. Wie es unter anderem der deutsche Marktführer im Direktvertrieb für artgerechte Tiernahrung REICO Vital-Systeme macht, der ein einzigartiges Konzept für Mensch und Tier entwickelt hat, das das „mineralisierte Gleichgewicht" in den Mittelpunkt stellt. Hier werden die Partner in einer eigenen Akademie systematisch qualifiziert und trainiert. Um das Wachstum von durchschnittlich 20 Prozent pro Jahr zu halten, wird die Akademie zu einem begleitenden Coach für den Geschäftserfolg permanent ausgebaut. Es finden regelmäßig Online-Seminare und Prüfungen statt, um im Sinne des Kunden das Wissen weiterzuentwickeln. So hat es REICO Vital-Systeme geschafft, Verantwortung für die eigenen Partner im Sinne der Kunden zu übernehmen und Inhalte für freie Unternehmer zu liefern. Denn das Unternehmen arbeitet ausschließlich mit rechtlich selbstständigen Partnern.

All das sind Inspirationen, mit denen Sie für Ihre Kunden am Ende spannend bleiben. Denn auch das entscheidet über Ihren Erfolg. Ihre Spannungsbilanz erhöht zwangsläufig Ihre Zahlenbilanz. Wann sind Sie spannend? Was ist spannend? Alles, was der Kunde nicht kennt. Wenn Sie ihn positiv überraschen. Wenn Sie eine Lösung haben, die innovativ ist. Wenn es einen Service gibt, den keiner erwartet. Wie es zum Beispiel die Fischer Fahrschule aus Gera macht, indem sie die Fahrschüler deutschlandweit abholt, während der Ausbildungszeit in einer eigenen Akademie unterbringt und sie anschließend wieder zurückfährt. Durch diese Lösungen kann der Kunde die Führerscheinprüfung bereits in einer Woche ablegen. Das sind individuelle Lösungen. Hier wird der Fahrschüler auf eine einzigartige Art und Weise betreut.

Einer der Schlüsselsätze meines Clienting-Konzepts ist: Ein Produkt ist nur die physische Hülle einer geistigen Idee. Wir werden uns deshalb fragen müssen: „Was ist die richtige Idee?" Damit beginnt die nächste Stufe der Kundenwelle in der kommenden Geschäftswelt. Es entsteht eine neue Gesellschaft um uns herum. Jeden Tag etwas mehr. Die alte Industriegesellschaft verabschiedet sich allmählich, während die Wissensgesellschaft sich immer mehr etabliert. Die Mitarbeiter von morgen sind Wissensarbeiter oder Knowledge Worker. Die neuen Mitarbeiter sind selbstbewusst und haben Selbstverantwortung. Sie sind sich ihrer Macht sehr wohl bewusst. Das Land, in dem die Mitarbeiter leben, und die Firma, in der sie arbeiten, sind nur noch eine Option von mehreren Variablen. Das wird die Politik vor völlig neue Herausforderungen stellen. Auch darauf werden viele Regierungen nicht vorbereitet sein. Die heutigen Parteien werden sich schnell umstellen müssen, um nicht ihre treuen Wähler zu verlieren.

Eine neue Generation mit Ansprüchen und Rechten ist da. Mobil, selbstbewusst und individuell. Das hat nichts mit dem Alter zu tun. Man wird die Generation der alten Jungen wiederentdecken, weil deren Erfahrung gebraucht wird und es immer weniger Arbeitsuchende geben wird. Einzelne Menschen werden so zu Marken und können Erfolge erzielen, die in der industriellen Ära nicht möglich gewesen sind. Ein neuer Wettbewerb ist da: Werde ich mich für den Self-Made-Weg entscheiden und in einer Selbstständigkeit meine eigene Zukunft selbst in die Hand nehmen? Werde ich mir Partner suchen, die mit bewährten Systemen eine Strategie ermöglichen, in der ich selbstständig bin? Schaffe ich es zudem Partner zu finden, die mir gleichzeitig ein bewährtes Erfolgskonzept zur Verfügung stellen können? Oder entscheide ich mich am Ende doch für das Angestellten-Verhältnis? Welche Optionen, die ich mir für meinen Erfolg vorstelle, wird mir die Gesellschaft bieten können? Jeder einzelne Mensch kann es heute durchaus schaffen, eine erfolgreiche Nische zu finden. Diese Rahmenbedingungen schaffen die Voraussetzungen für eine innovative Kundenstrategie in der kommenden Geschäftswelt. In einem Satz: Es ist der Triumph des Individuums. Das Buch hat mit vielen Beispielen gezeigt, dass wir uns in einer Zeitenwende befinden. Die ersten Unternehmen haben den Erfolg ihrer Konzepte bereits bewiesen. Das zeigen Beispiele wie Build-A-Bear oder Bürgers selbst gemachte Krawatte. Aber auch Beispiele wie individuelle Herrenanzüge und noch weitere sind heute Realität. Ich hatte es bereits erwähnt: Der Trend- und Zukunftsforscher Matthias Horx schreibt in seinem Buch „Das Megatrend-Prinzip", dass die Menschen pro Jahr immer nur ein Prozent Fortschritt erreichen. Ein Prozent also, um sich Jahr für Jahr weiterzuentwickeln. Man könnte daraus ableiten, dass man noch genügend Zeit hätte, um auf den gerade anfahrenden Zug aufzuspringen. Aber die heutige High-Speed-Welt wartet nicht mehr auf Nachzügler. Das zeigen die Beispiele von Amazon, Apple, YouTube und Facebook. Auch unser Metzger Claus Böbel und die Fahrschule Fischer aus Gera bestätigen dies. Der First Mover genießt Vorteile.

Ich habe durch die Recherche für dieses Buch den Eindruck gewonnen, dass individuelle Kundenlösungen Vorteile für beide Seiten bieten. Die Kunden sind größtenteils überrascht, dass sie eine solche individuelle Lösung überhaupt angeboten bekommen. Die Firmen hingegen sind mehr als zufrieden, weil sie sich eine eigene Pole-Position aufbauen können, um dem ruinösen Preiskampf zu entkommen. Darum bin ich überzeugt davon: Jedes Unternehmen kann eine iStrategie entwickeln. Es ist nur eine Frage des Willens.

Wenn man alle diese Veränderungen zusammenfasst, ergibt sich über den Kunden von heute folgendes Bild:

Der individuelle Kunde ist zuerst ein Mensch.

Er will dementsprechend behandelt werden. Mit seinen Vorstellungen und Ansichten. Mit seinen Ängsten und Gefühlen. Und mit seiner eigenen Meinung, auch wenn sie sehr persönlich ausfällt. Das endgültige Ende des Massenmarktes ist durch diesen Prozess unumkehrbar eingeleitet. Der individuelle Kunde sucht nach Werten. Er kauft nicht mehr nur das Produkt, sondern er will wissen, woher es kommt und er will auch sicherstellen, dass das Unternehmen seine eigenen Werte versteht und akzeptiert. Die befragten Unternehmen, die individuelle Lösungen anbieten, berichten einstimmig, dass auch zwei weitere Faktoren für den Verkaufserfolg verantwortlich sind. Die Kunden erwarten Qualität und nachhaltige Produkte – je nach Branche. Und sie legen Wert darauf, genau zu erfahren, woher diese Ware kommt. Außerdem erzeugen individuelle Lösungen bei den Kunden einen viralen Effekt. Manche Unternehmen berichten sogar von großem Medieninteresse, weil der Trend des individuellen Kunden erst am Anfang dieser Entwicklung steht. Die Kunden sind zudem bereit, sich zu binden und die Beziehung zu pflegen.

Der individuelle Kunde will dabei sein.

Er möchte sich einbringen. Vielleicht sogar als aktiver Verkäufer. Als Botschafter. Er will seine eigenen Ideen realisieren. Und er sucht Firmen, die dafür aufgeschlossen genug sind. Er will detaillierte Informationen bekommen, die auf ihn zugeschnitten sind. Das ist die Gunst der Stunde für Partnerprogramme und eigene Akademien, die den Kunden ausbilden können.

Der individuelle Kunde will Fan sein.

Noch besser ist es aber, wenn Sie der Fan Ihrer Kunden sind. Der Kunde wird sich für das Unternehmen als aktiver Verkäufer engagieren. Er ist auch aktiv in der Social-Media-Welt und wird zum Promoter der Firma. „Keiner gewinnt alleine!" gilt auch hier. Die digitale Welt, angetrieben durch Facebook, Twitter, LinkedIn, Xing und andere, verändert auch unsere Geschäftsmodelle. Je aktiver wir den individuellen Kunden mit einbeziehen können, umso mehr wird er sich engagieren.

Der individuelle Kunde will senden.

Er will gefragt werden, was seine Meinung ist. Vielleicht wird er nicht die Lösung liefern, aber sagen, was fehlt. Er will träumen, was schön wäre, wenn es das geben würde. Der Kunde sucht den regelmäßigen Austausch im persönlichen Gespräch mit dem Unternehmen.

Der individuelle Kunde erwartet die Einzigartigkeit.

Hier ist der Kern der gesamten Strategie. Er schafft sich seine eigene Welt. Und das Unternehmen ist der Entwickler dieser

Lösung. Mit den Augen des Kunden wird permanent die individuelle Lösung entwickelt. Neue Service-Ideen und -techniken helfen, den Alltag noch einfacher und persönlicher zu machen. Die US-Amerikaner sagen heute schon: Service is the new selling. Wir gehen mit dem Konzept dieses Buches noch weiter.

Der individuelle Kunde will es einfach und schnell.

Wenn er eine individuelle Lösung erwartet, brauchen Unternehmen einen schnellen und reibungslosen Ablauf. Selbst Versicherungen haben in unserem Land erkannt, dass der Kunde es einfach haben will. Der Triumph des Individuums in der kommenden Geschäftswelt verändert unsere Arbeitswelt. Wertvolle Kenntnisse über den einzelnen Kunden werden Einzug halten in immer mehr Unternehmen.

Zu Beginn der Kundenära stellte ich den Beziehungsindex als zentrale Kenngröße in eine erfolgreiche Unternehmensstrategie. Daran hat sich auch bis heute nichts geändert. Die Partnerstrategien sind heute Netzwerkstrategien über alle Ebenen und Social-Media-Wege hinaus. In Zukunft brauchen wir einen neuen, nämlich den individuellen Index. Er drückt auf einer Skala von 0 bis 100 Prozent aus, wie individuell das Unternehmen auf den Kunden eingestellt ist. Rund 80 Beispiele in diesem Buch zeigen, dass ein solcher Weg vielversprechend ist.

Die wirtschaftliche Entwicklung wird nach und nach von äußeren Faktoren bestimmt, auf die Unternehmen erst einmal wenig oder gar keinen Einfluss haben: von globalen Herausforderungen neuer Wettbewerber aus dem asiatischen Raum über Umweltkatastrophen, wie sie 2011 im Kernkraftwerk Fukushima passierten, bis hin zur Eurokrise. Firmen jeder Größenordnung müssen sich darauf einstellen, dass die Unkalkulierbarkeit des eigenen Geschäftes zunehmen wird. Ich persönlich habe im Laufe meines Unternehmerlebens mehrere solcher Situationen erlebt: vom ersten Golfkrieg über den zweiten Golfkrieg und die Auswirkungen des 11. September bis zur Pleite von Lehman Brothers. Keine dieser Krisen habe ich gebrauchen können, aber in solchen Situationen zählt ganz wesentlich die Beziehung zu jedem einzelnen Kunden. Es ist davon auszugehen, dass wir auch in Zukunft von außen mit neuen Herausforderungen konfrontiert werden. Als sich die New Economy 2001 im Abschwung befand, es aber keiner wahrhaben wollte, lieferte ich im August des gleichen Jahres das Buchmanuskript für „Machtschock!" ab. Der Roman hatte schon damals das Ende des bisher bekannten Managements vorhergesagt.

Natürlich hatte ich damals keine Ahnung, dass in einem Monat der Anschlag auf das World Trade Center stattfindet. Ein schockierendes Ereignis, das anschließend die Welt für immer verändern sollte. Anders als es am Ende gekommen ist, ging ich davon aus, dass die New Economy in einem Crash enden würde und dass Unternehmen mit ihrem Management neu denken und handeln müssten. So entwickelte ich eine Strategie, die eine in Netzwerken strukturierte Organisation als Grundidee hatte. Unternehmen sollten sich von allem trennen, was nicht ihr Kerngeschäft ist, und ein vernetztes System mit Partnern aufbauen. Nach der Grundidee: Kopf drin, Hände draußen. Sicher könnte man heute Apple als eines der vielen erfolgreichen Beispiele zitieren. Dementsprechend heißt es: Designed by Apple in California. Assembled in China. Durch die Flexibilität und Anpassung kann ein Unternehmen schneller auf Markt- und Kundenbewegungen reagieren. Außerdem kann es sich so entlasten. Der 11. September zwang viele Unternehmen dazu, neue Wege zu gehen, um zu überleben. Dabei wurde dann eine flexible netzwerkbasierte Organisation strategisch umgesetzt. Ich bin mir sicher: Das Unternehmen der Zukunft ist schlank, vernetzt und den Kundenwünschen immer einen Schritt voraus. Das Unternehmen der Zukunft hat sich zudem vom Besitzdenken verabschiedet. Viel wichtiger ist der Zugang zum Kunden. Changement ersetzt Management - das ist das Credo dieser These.

Das Buch „Machtschock" zeigte 7 Schritte auf, die eine Firma heute gehen muss. Der letzte Schritt erklärte eine Verschiebung der Machtfrage. Bisher waren die Machtbegriffe klar definiert, und oft wurde der Begriff Macht auch gleichgesetzt mit dem monetären Aspekt. Im Roman wurde die Macht unter einem anderen Aspekt betrachtet. Entscheidend für die Zukunft ist nicht Geld, sondern der Machtfaktor „Einfluss". Wir können Einfluss auf unsere Kunden ausüben, indem wir ihre Wünsche, Ideen und Träume in individuelle Lösungen umsetzen. So können wir unseren Einfluss steigern und werden ein integrierter Bestandteil des gesamten Systems. Wenn uns das gelingt, sind wir bei unseren Kunden das Zünglein an der Waage. Das wird die richtige Antwort auf die unkalkulierbare Wirtschaft sein.

Mir ist wichtig: Fangen Sie an. Legen Sie los. Fragen Sie sich: Wie kann ich das umsetzen? Laden Sie Kunden ein, teilen Sie mit ihnen Ihre Ideen. Achten Sie auf die kleinen Zeichen in den Worten Ihrer Kunden. Sie sind dran. Es ist Ihre Zukunft. Es ist Ihre Chance, zum Marktführer zu werden. Ich bin überzeugt, dass Ihnen diese innovative Kundenstrategie in der kommenden Geschäftswelt helfen kann, ganz vorne dabei zu sein. Ich wünsche Ihnen bei der Umsetzung viel Erfolg und stehe Ihnen gerne zur Verfügung.

Noch ein kleiner Ausblick in die Zukunft: Im folgenden Kapitel wird der Alltag im Jahre 2020 beschrieben. So stelle ich mir vor, wie wir dann anders leben, anders arbeiten und anders denken werden. Viel Spaß!

Ihre innovative Kundenstrategie:

Listen Sie hier noch einmal in Stichpunkten Ihre sechs Schritte auf. Wenn Sie alle zusammenhaben, ergibt sich daraus Ihre innovative Kundenstrategie.

Viel Erfolg!

_____

_____

_____

_____

_____

_____

_____

_____

_____

_____

_____

_____

_____

_____

_____

_____

_____

_____

_____

_____

_____

_____

Kapitel 8
Der Ausblick in die Zukunft
Ein typischer Tag im Jahre 2020

Ausgerechnet heute lese ich in einer der großen deutschen Tageszeitungen, der Rheinischen Post, über die Freizeitaktivitäten der Deutschen. Ganz vorne mit 98 Prozent steht der Fernsehkonsum, dicht gefolgt vom Zeitunglesen mit 77 Prozent. Allerdings beschäftigen sich bereits 62 Prozent der Menschen in ihrer Freizeit mit dem Computer. Das wird sich ändern. Bald werden wir uns fast ausschließlich mit digitalen Endgeräten beschäftigen und es gar nicht mehr merken, weil es normal und allgegenwärtig geworden ist. Das Fernsehen wird ein interaktives, digitales Erlebnis sein und die Zeitung im Jahre 2020 eine multimediale Ausgabe, die nur noch die Nachrichten liefert, die mich explizit interessieren. Was wir heute noch als Zukunft betrachten, wird unseren Alltag für immer verändern. Eine Studie der Mediaagentur OMD bestätigt, dass 69 Prozent der befragten Teilnehmer davon träumen, eines Tages alle Haushaltsgeräte mit einer einzigen Fernbedienung zu steuern. Der Wunsch nach Einfachheit und der leichte Zugang nach Informationen nehmen rasant zu. Auch Plakate mit Gesichtserkennung können bald massenkompatibel eingesetzt werden. Allerdings wirkt die Vorstellung einer individuellen Passanten-Erkennung noch sehr befremdlich. Laut OMD-Zukunftsstudie „OMD media map 2015-2020" finden lediglich sechs Prozent der Befragten diese Werbeform wünschenswert. Ich habe bereits einige Male in meinen Büchern eine kleine Zukunftsgeschichte geschrieben, wie ich mir das Leben dann vorstelle. Dieses Mal möchte ich einen Blick ins Jahr 2020 werfen. Ich nehme wieder einen Verkäufer, den wir an einem typischen Tag begleiten.

4. Juli 2020

Verkäufer David, mittlerweile 42, wird wach. Eine zarte Frauenstimme hat ihn geweckt. Es ist die Stimme seiner Frau. Sie selbst ist heute nicht da, weil sie zu einem Kongress nach Madrid geflogen ist. Und schon vernimmt er auch, dass die Maschine pünktlich abgeflogen ist. Der Tag fängt für David gut an, denn seine Frau hätte auch eine weniger liebliche Stimme in das Haussystem eingeben können.

Das gesamte Haussystem existiert schon länger und erledigt für David so einiges. Auf ein Wort ist sein Espresso brühfertig. Aber er will noch warten. Seine Tageszeitung ist mittlerweile sein persönliches Informationssystem geworden, das nur die Informationen und Werbung zusammenstellt, die ihn interessieren. Sein System ist intelligent und sucht ununterbrochen nach individuellen Informationen. So wird er permanent nur mit Meldungen konfrontiert, die ihn wirklich bewegen. Vorbei sind die Zeiten, in denen wir mit unnützen Informationen überschüttet wurden und fast darin ertrunken sind. Manche hatten morgens Hunderte Mails in ihren Posteingängen. Intelligente Systeme sind mittlerweile wirkliche Helfer und sogar Assistenten geworden. Sie können reden, antworten, recherchieren, buchen, reservieren und sind so unverzichtbare Butler. Sie sind durch das Haussystem allgegenwärtig abrufbar. Sie können die eigene Sprache präzise erkennen und wissen auch, ob man gereizt oder relaxt ist. Gleichzeitig haben sie auch Ideen parat, die bei Problemen helfen könnten. Das System geht ganz auf Ihre Ideen, Hobbys und Gewohnheiten ein und lernt immer wieder dazu. Egal, ob Sie Ihre Daumen neuerdings einem anderen Fußballverein drücken oder einem anderen Restaurant den Vorzug geben, das System hat solche Informationen schnell aktualisiert. Der Triumph des Individuums hat Einzug in die Technologie gehalten. Heute ist jedes Display, jedes Gerät und jede Oberfläche mit dem Internet vernetzt. Ganzheitliche Lösungen bestimmen den Alltag.

So stellt sich David gut gelaunt an diesem sonnigen Julitag im Badezimmer vor seinen Spiegel. Mit seiner Stimme aktiviert er das Display des Spiegels. Während er sich rasiert, kann er sich kurz ein neues Youtube-Video von seinem besten Freund ansehen. Er bittet darum, dass es abends nochmals vorgeschlagen wird, um es in aller Ruhe ansehen zu können. Ein kurzer Blick, und die aktuellen Börsenkurse seiner Aktien werden angezeigt. Schnell fragt er, ob es weitere News oder Expertenmeinungen zum Thema gibt. Er bittet seinen InfoCoach, so nennt David sein mobiles Endgerät, noch einmal kurz die geschäftlichen Termine für die ganze Woche zu zeigen. Nun kann er beruhigt in die Woche starten. Als Letztes fragt er, ob es Coupon-Angebote in seiner Nähe gibt, die seinen persönlichen Wünschen entsprechen. Aber jetzt ist auch die Zeit schon fast um, und er geht, nachdem er geduscht hat, in die Küche.

Da David beabsichtigt, bald in der Karibik Urlaub zu machen, hat er seinem InfoCoach den Auftrag gegeben, mehr über das Thema zu recherchieren und Vorschläge für Urlaubsreisen zu machen. Vorbei ist die Zeit, als er mühselig im Netz googeln musste und kaum attraktive Angebote gefunden hat. Die Systeme waren nicht intelligent genug. Reiseplattformen waren nicht personalisiert und es konnten keine maßgeschneiderten Lösungen angeboten werden. Damals hat er sich immer geärgert, dass keiner auf die Idee gekommen ist, mit den Augen des Kunden andere Kriterien einzuführen. Heute kann er darüber nur lachen, wie primitiv damals alles ablief. Die größte Ironie dabei war, dass der Mensch es damals sogar für nicht störend hielt. Im Grunde genommen sind nur ein paar Jahre vergangen. Aber diese wenigen Jahre haben alles verändert: Noch einmal ist ein neuer Typ von Kunde entstanden, der triumphiert, weil er die Macht besitzt. Und man kann ihn nur halten, wenn man ganz individuell auf ihn eingeht.

David freut sich, dass die Zeit wirklich vorbei ist, als er morgens das lesen musste, was die Zeitung ihm vorsetzte. Heutzutage kann er jeden Tag festlegen, was ihn interessiert, und der InfoCoach recherchiert in weltweiten Datenbanken, übersetzt falls erforderlich automatisch und stellt so die Informationen nach seinem persönlichen Geschmack zusammen. Na gut, wenn er will, kann er sie sich auch vorlesen lassen. Aber er bleibt lieber bei der etwas antiquierten Art, die Nachrichten selbst zu lesen. So kann er die gesamte Multimedia-Vielfalt genießen. Denn jetzt sind alle News mit Videos hinterlegt. Wenn er will, kann er auch direkt mit dem zuständigen Redakteur einen Video-Call durchführen und das aktuelle Thema diskutieren. Sein Sohn Mark zieht ihn immer damit auf, dass er sich immer noch nicht von diesen alten Gewohnheiten lösen kann und alles selbst machen will. Doch David kontert dann, dass es auch mal wieder gut wäre, ein Buch zu lesen, natürlich als E-Book, das dann längst die klassischen Printauflagen abgelöst haben.

An diesem Morgen schaltet er parallel zum Lesen seine TV-Station an, die nicht nur 3-D-Bilder mitten in den Raum projiziert, sondern auch gleichzeitig ein intelligenter Computer ist. Mittlerweile sind die Grenzen zwischen Fernsehen und Internet aufgehoben. Beispielsweise sind Fernsehgeräte, internetbasierte Video-Content-Plattformen und Streaming-Lösungen miteinander verschmolzen. Seitdem gibt es Millionen von TV-Stationen, die auf Sendung gehen. Aber der InfoCoach sucht heute die Sender und Sendungen automatisch raus, die Davids eigenen Vorstellungen am besten entsprechen. So kann auch ein spannendes Hobby immer wieder mit neuen Ideen versorgt werden. Außerdem werden über Nacht Nachrichtensendungen ausgesucht, die ihn interessieren. Auf Zuruf wird ihm eine Übersicht vorgelesen, und er markiert mit seiner Stimme die Sendungen, die er sehen will oder die in seiner eigenen Cloud gespeichert werden sollen. Das passiert, während er frühstückt, nachdem das automatische Backsystem ihm die Croissants geliefert hat, die er so gerne mag. Per Zuruf schaltet er die News ab und auf seinem InfoCoach um. Auf dem Großbild erscheint nun das Bild seines individuell programmierten Assistenten.

Er nennt ihn liebevoll „James". David begrüßt ihn wie jeden Morgen höflich, aber bestimmt. James ist genauso, wie man sich früher einen Butler vorgestellt hat. David ist in einer internationalen Maschinenbaufirma für den Vertrieb in Deutschland tätig. James liest ihm die eingegangenen News vor und schaltet die Video-News frei, die gerade reingekommen sind. Eines interessiert ihn besonders: Sein chinesischer Kollege hat in der Nacht eine Videonachricht hinterlassen, die er zuerst hören will. Er beauftragt den InfoCoach, und sofort erscheint das Bild von Yun Wan auf dem Bildschirm, wie immer lächelnd. Der automatische Übersetzer bringt direkt den deutschen Wortlaut. Yun Wan scheint sehr zufrieden zu sein. Denn die Bitte an die firmeneigene online basierte Community, bei der Neuentwicklung einer Maschine mitzuhelfen, hat offensichtlich Früchte getragen. Ein Kunde wollte eine zugeschnittene Lösung haben, woraufhin die gesamte Community gebeten wurde, Ideen zu entwickeln. Die Mitglieder, die sich beispielsweise aus Kunden, Freiberuflern und Studenten zusammensetzen, haben Ideen und konkrete Verbesserungsvorschläge geliefert. David freut sich über Yan Wans Erfolg. Die Idee, Crowdsourcing in der Entwicklung zu nutzen, stammte von David persönlich.

Mitte der neunziger Jahre galt es übrigens noch als eine mittlere Sensation, dass Boeing bei der Entwicklung der 777 das Flugzeug komplett virtuell baute und bis zur Fertigstellung niemals einen Prototyp herstellte. Damals staunte man noch darüber, dass das Entwicklungsteam rund um die Welt und rund um die Uhr an der Neuentwicklung arbeitete und dass Fluggesellschaften ebenfalls per Netz in diese weltweite Entwicklung mit einbezogen wurden. Es galt fast als Wunder, dass Menschen etwas geschaffen hatten, das nur virtuell existierte und trotzdem sofort produziert werden konnte.

Dann bittet er James, die restlichen Video-News abzuspielen. Er hört sich jetzt die Info seines Teamchefs an, den man früher Verkaufsleiter nannte. Heute werden die Teamchefs wie in einer Demokratie gewählt. Für eine bestimmte Zeit oder für eine bestimmte Aufgabe. Er gratuliert David, da er neue Kunden geworben und den Wettbewerbern einige Projekte vor der Nase weggeschnappt hat. David muss lächeln, weil er an das Videogespräch denkt, das er in der letzten Woche mit seinem Kollegen von der Konkurrenz geführt hat. Dort hat man die neuen Spielregeln immer noch nicht verstanden. Davids Company hat längst auf Clienting und individuelle Kundenlösungen umgeschaltet. Davids InfoCoach erinnert ihn daran, dass heute in den USA der Independance Day ist. Die US-amerikanischen Kollegen sind somit heute nicht erreichbar. David denkt an den neunziger Kinohit Independence Day. Ein Film über eine Invasion, in dem man das globale Satellitensystem für die eigenen Angriffszwecke nutzte. Heute, am 04. Juli 2020, hat David zwar immer noch keine „Männchen aus dem All" gesehen, aber das globale Satellitensystem wird jetzt von jedem genutzt. Von jedem Ort der Erde kann jeder mit jedem sprechen, Informationen hinterlassen, eine Videokonferenz mit automatischer Sprachübersetzung führen oder einfach seinen persönlichen Assistenten zu Suchzwecken losschicken. Jeder hat seine persönliche Telefonnummer, die lebenslang gilt. Sie ermöglicht den Zugriff auf die ganze Welt der Informationen.

Beim Thema Independence Day fällt David noch ein, dass man sich bereits im letzten Jahrzehnt für unabhängig hielt. Es ist nur kein Vergleich mit dem, was man heute unter Unabhängigkeit versteht. Einzelkämpfer gibt es nicht mehr. Unternehmen sind in Teams organisiert. Diese Teams sind manchmal beständig, oft allerdings auch nur für eine bestimmte Aufgabe definiert. Früher waren es nationale Teams, heute sind es globale Teams. Warum soll die gute Kundenidee des amerikanischen oder chinesischen Kollegen nicht sofort zum Vorteil der deutschen Kunden umgesetzt werden? Unabhängigkeit wird auch unter Zeitgesichtspunkten großgeschrieben. Die lebenslange Arbeitszeit gibt es nicht mehr. Man arbeitet in Zeitkorridoren. Falls es ein Projekt erfordert, wird Tag und Nacht daran gearbeitet. Danach nimmt man sich einige Wochen Zeit, um in

Südamerika auf Entdeckungstour zu gehen. Irgendwann trifft man sich dann mit südamerikanischen Kollegen, um Erfahrungen auszutauschen. So hat der Unabhängigkeitstag mittlerweile auch bei uns seine eigene Bedeutung bekommen. Vorbei sind auch die Zeiten, in denen die Arbeit für jeden Angestellten gleich war. Heute hat jeder seinen individuellen Arbeitsvertrag. „Der Triumph des Individuums" hat auch in den Unternehmen zu nachhaltigen Veränderungen bei den Mitarbeitern geführt. Individuelle Lebenspläne führen zu individuellen Jobs.

James erscheint, und David wird wieder ins Hier und Jetzt zurückgeholt. Sein Teamchef erscheint noch einmal auf dem Bildschirm. Dieses Mal bittet er um einige Charts für die anstehende Videokonferenz. David hat vergessen, die Charts vorzubereiten, nimmt den Hinweis aber zum Anlass, um seinen InfoCoach auf Trab zu bringen. Zuerst einmal soll er aus der weltweiten Firmendatenbank alle erforderlichen Informationen zusammentragen. Er bittet James ebenso darum, eine Hochrechnung für die nächsten 1000 Tage zu machen. Die Ergebnisse sollen bis 11:55 Uhr fertig sein, damit er sie sich noch einmal ansehen kann, bevor das Meeting losgeht.

Jetzt wird es Zeit für sein erstes Partnermeeting. Sein Kunde hat um einen persönlichen Termin gebeten, um ein für ihn entwickeltes Produkt zu sichten. Eine Videoschaltung hat wenig Sinn, da immer noch die Haptik ein entscheidender Faktor ist. Es ist schon beruhigend zu wissen, dass man mit dem Kunden in einem Boot sitzt und dieser an dem Unternehmen, in dem man arbeitet, beteiligt ist. Schnell bittet David noch seinen InfoCoach, ihm die Kundendaten rüberzuspielen, damit er den letzten Stand der Entwicklung parat hat. Er lässt sich auch noch einmal das Info-Video vorspielen, mit dem der Kunde um einen kurzfristigen Besuch gebeten hat. Der Besuch verspricht spannend zu werden, da der Kunde an weiteren Aufträgen interessiert ist. Klassisches Verkaufen ist schon lange nicht mehr angesagt, eher ein freundschaftliches Partnering, das allerdings immer mit neuen Ideen und Informationen angereichert werden muss. Einfacher ist es dadurch jedoch auch nicht geworden. Auch wenn heute weniger Kunden bearbeitet werden, so ist die Zusammenarbeit dafür umso intensiver und findet im Zweifelsfall rund um die Uhr statt. Denn das Geschäft ist global geworden und der Kunde hat durch die individuellen Lösungen, die gemeinsam erarbeitet worden sind, eine engere Bindung an das Unternehmen. Standardprodukte oder Standardlösungen gibt es heute praktisch nicht mehr.

Der InfoCoach hat alle Infos übertragen, David kann sich in sein CarSystem setzen, das ihn immer auf dem Laufenden hält. Als es erstmals keine Gaspedale, Bremsen und Kupplungen mehr gab, sondern joystickähnliche Computersysteme, die die Fortbewegung steuerten, hatte David damit schon seine Probleme. Aber das ist auch längst Vergangenheit. Heute genießt er es, gleichzeitig ein InfoMobil und ein CarSystem zu haben. Somit geht auch nicht allzu viel Zeit verloren. Sein InfoCoach hat die Zieldaten bereits ins Bordsystem überspielt, sodass die Fahrt losgehen kann. Als er in die Nähe eines Shopping-Centers kommt, spricht ihn der Info-Coach an, dass ein Spezialangebot für ihn eine Stunde lang reserviert werde. Sein Begleiter weiß genau, was ihn interessiert. Früher nannte man diese Technik Location-Based-Services. Mittlerweile ist diese Technik erheblich verbessert und verfeinert worden. Alle Lokalitäten werden vom InfoCoach aktualisiert und gesteuert. Auch der Bereich der Augmented Reality wurde immer weiter ausgebaut. Erst neulich hatte David Interesse an einem Haus, das er eventuell kaufen wollte. Mittels Augmented-Reality-Technologie konnte er mit seinem InfoCoach das Haus sowie das zuständige Maklerbüro identifizieren und alle für ihn nötigen Informationen einsehen.

Parallel hatte sein System bereits im Netz gefiltert, welche Bewertungen und News dort vorliegen. Es stellte sich heraus, dass das Haus versteckte Mängel besaß, die in der offiziellen Variante verschwiegen wurden. Somit hatte sich das dann auch erledigt. Während der Fahrt erinnert der InfoCoach David daran, dass sein Hochzeitstag in dieser Woche ansteht. Grund genug, seinem InfoCoach den Auftrag zu geben, ein virtuelles Musical zu buchen, welches dreidimensional über die TV-Station dargestellt wird. Ein anschließend virtueller Stadtrundgang in Rom inklusive. Den Rest des Abends kann man dann ja ganz normal ausklingen lassen. Und sein Butler weiß ja, welches Musical David als Individualist wirklich will. Dafür hat man ihn ja.

David rügt seinen InfoCoach, trägt ihm auf, den Hochzeitstermin im nächsten Jahr bereits zehn Tage vorher zu melden, statt wie in diesem Jahr drei Tage zuvor. James entschuldigt sich und fragt nach, ob diese Anweisung für alle privaten Termine gelten soll. „Nein", ist die bestimmte Antwort, und David weiß wieder einmal, dass Computer auch im Jahre 2020 noch keine Menschen ersetzen können. Dafür meldet sich James während der Fahrt und fragt, ob er alle anstehenden Termine der Woche vorlesen soll und ob daraus irgendwelche Änderungen folgen. Dabei ist es James wichtig, auch darauf hinzuweisen, dass bei einigen Key-Kunden seit einigen Tagen keine Bewegung mehr zu verzeichnen ist. Denn David hat ihn gebeten, ihn immer darüber auf dem Laufenden zu halten, was mit seinen Kunden so passiert. Er kann alle Daten, auch die Videogespräche anderer Teammitglieder mit seinem Kunden, immer wieder abhören. Passiert eine Zeit lang gar nichts mehr, wird er informiert. Beim nächsten virtuellen Kongress wird er den einen oder anderen Kunden dann direkt ansprechen können. Nur ein aktiver Kunde ist ein guter Partner!

Während er gerade an den kommenden virtuellen Kongress denkt, fällt ihm ein, seinen InfoCoach zu fragen, wann sein nächstes virtuelles Training stattfindet. Bei seinem letzten Training hat er festgestellt, dass er in kritischen Situationen immer noch nicht richtig reagiert. Er bittet James, einen Trainingstermin zu vereinbaren.

Das schätzt er an den neuen Entwicklungen besonders. Alles klappt auf Zuruf. James versteht ihn und fängt sofort an, alles umzusetzen. Heute denkt er noch einmal kurz zurück ans alte Jahrtausend, als sich Joysticks für Autos, intelligente und sprechende Computer sowie weltweite Vernetzungen gerade erst im Anfangsstadium befanden. Keiner hätte damals geglaubt, dass nur wenige Jahre später alle diese Dinge tatsächlich geschafft geworden wären. Was wird in zehn Jahren, im Jahre 2030, sein?

Sein System meldet die Ankunft beim Kunden. Ihm gehört jetzt Davids ganze Aufmerksamkeit. Aber bei dieser individuellen Vorbereitung gemeinsam mit seinem InfoCoach kann man sich nur noch auf das persönliche Gespräch freuen.

So oder so ähnlich kann der Alltag der Zukunft aussehen. Fangen Sie an, mit innovativen Kundenstrategien für die kommende Geschäftswelt, um den individuellen Kunden zu gewinnen. Besser heute als morgen.

Die Geffroy Akademie

Wie geht es nun weiter? Wir haben uns entschlossen, noch weiter zu gehen. Wir wollen mit Ihnen weitermachen. Sie weiter informieren und qualifizieren. Neue Strategien, Tools und Techniken von Experten vorstellen. Dran bleiben. Vorneweg sein. Mit einem Satz: Wissensmacht schlägt Geldmacht.

Dazu steht Ihnen die Geffroy Akademie zur Verfügung, die genau das tut. Sie kaufen das Buch und erhalten ein Weiterbildungsangebot der besonderen Art. Online, jederzeit, aktuell. So sind wir eine Community. Wir holen kompetente Referenten vor die Kamera, damit Sie von deren Wissen profitieren können.

Sie kennen vielleicht die Blue Ocean Strategie: Wie man neue Märkte schafft, wo es keine Konkurrenz gibt. Das Ziel dieser Strategie ist es, mit einer Nutzeninnovation neue Märkte zu erobern.

Die Geffroy Akademie startet mit diesem Anspruch.

Die Live-Webinare werden Ihnen übrigens nachträglich als Aufzeichnung zur Verfügung gestellt. Durch die Webinare haben Sie die Möglichkeit, bei den aktuellsten Themen dabei zu sein und die besten Tipps und Strategien von Edgar K. Geffroy sowie anderen Referenten gleich umzusetzen. Wir werden Ihnen regelmäßig Live-Webinare anbieten, bei denen Sie sich über die aktuellsten Themen informieren können.

Wir freuen uns darauf, Ihnen diese neue Möglichkeit anzubieten.

ANMELDUNG:

Bitte melden Sie sich dafür in der Geffroy Akademie online unter folgendem Link an:

www.geffroy-akademie.com

Über den Autor

Seit mehr als 25 Jahren zählt Edgar K. Geffroy zu den renommiertesten Business-Vordenkern, Bestsellerautoren und Business-Experten Europas.

Wie kein anderer versteht er, was Kunden wirklich wollen. Er weiß, wie Unternehmen schnell und überproportional wachsen. Und er hat ein Gespür dafür, welche Marktchancen sich bereits morgen auftun. Für seine herausragenden Leistungen wurde er 2012 mit dem BEST of BEST Award für den „Vordenker des Jahrzehnts" geehrt.

Eine Bilanz, die Ihre Firmenbilanz noch besser macht

Über 20 Bücher, darunter der Bestseller „Das Einzige, was stört, ist der Kunde" und über 2.100 Auftritte vor mehr als 500.000 Menschen zu den Themen Kunde, Internet, Verkauf und Motivation zeigen die Akzeptanz seiner Konzepte. Edgar K. Geffroy inspiriert Menschen und regt zu persönlichen und unternehmerischen Veränderungen an. Veränderungen, die privat und beruflich zu beeindruckenden Erfolgen führen.

Ein Visionär, mit dem Sie ganz vorne im Markt mitspielen

Edgar K. Geffroy schrieb mit seiner Clienting-Lehre in den Neunzigern Geschichte. Als einer der Ersten erkannte er, dass Unternehmen nur mit einer gelebten Kundenbeziehung dauerhaft wachsen. Damit hat Edgar K. Geffroy das „Serviceland Deutschland" nachhaltig geprägt. Viele Unternehmen sind so zu Marktführern geworden.

Im Jahr 2012 erhielt er den BEST of BEST Award für den „Vordenker des Jahrzehnts". Der Trendbrecher (Impulse) und Business Guru (managementbuch.de) wurde mit der Wahl in die German Speakers Hall of Fame® für sein Lebenswerk geehrt.

Der TOP Speaker und Bestseller-Autor ist ein Visionär, der aus Trends die Herausforderungen für das Business von morgen erkennt und mit Kreativität und Konsequenz neue Geschäftsideen entwickelt.

Warum sollten Sie mit Edgar K. Geffroy zusammenarbeiten?

Weil es keinen Zweiten gibt, der so konsequent und mit schnellem Gespür erkennt, wie Ihr Unternehmen überproportional wächst.

Rufen Sie noch heute an und erfahren Sie, wie Sie Ihr Unternehmen erfolgreicher machen!

Sofort-Kontakt: +49 211 40 80 97 0

Kompetenz

Ein kreativer Andersdenker, der aus Ihrem Produkt einen Verkaufsschlager macht

Edgar K. Geffroy ist ein Andersdenker, der schneller als andere neue Marktlücken erkennt. Sein herausragendes Gespür für das Geschäft von morgen, wofür er seit 30 Jahren bekannt ist, beweist es. Alleine 2012 erhielt er den Business Vordenker Preis des Jahrzehnts der Best of Best Academy, Wien.

Mit dem Ansatz, anders zu denken, hat Edgar K. Geffroy Geschichte geschrieben ...

Mit der gegründeten Clienting-Lehre hat Edgar K. Geffroy in den Neunzigern Geschichte geschrieben und Unternehmen neue Wege gezeigt, auf einfache und anders denkende Weise, ihre Umsätze überproportional zu steigern.

Seine Kundenbeziehungslehre Clienting ist um die Welt gegangen, hat einen zentralen Beitrag bei der Kundenorientierung geleistet und Unternehmen in gesättigten Märkten neue Chancen gegeben. Mit nachweisbaren Erfolgen! Heute ist Clienting akzeptiert und wird von zahlreichen Unternehmen umgesetzt. Etliche Firmen sind sogar zu Marktführern aufgestiegen. Damit hat der Bestsellerautor und Business-Vordenker die Grundregeln des Geschäfts geändert.

Der Vermarkter für Neues, der Produkte anders sieht

Er ist ein Andersdenker, weil er Märkte und Produkte anders sieht als andere. Wie kein Zweiter hat er ein Gespür dafür, wie Sie Ihr Produkt oder Ihre Dienstleistung erfolgreich vermarkten müssen, um ihren Umsatz überdurchschnittlich zu steigern. Er erkennt sofort, mit welchen innovativen Verkaufsstrategien Sie Ihre Kunden für den Kaufabschluss gewinnen. Und er weiß, welche immensen Marktchancen das Internet dabei bietet. Der größte Wachstumsmarkt aller Zeiten. Und er kombiniert klassische Verkaufsmethoden mit den neuen Internetspielregeln und Social Media zu einer neuen Strategie.

Ein konsequenter Andersdenker, der Unternehmen zu Marktführern macht und Wachstumshorizonte neu entstehen lässt

Ab Mitte der 90er Jahre hat Edgar K. Geffroy mit seinem Clienting Konzept ein Unternehmen aus der Finanzdienstleistungsbranche begleitet und dabei unterstützt, zu einem börsennotierten Konzern aufzusteigen. Mehr als 14 Jahre war er selbst als Leiter der Akademie dabei.

Nur ein weiteres Beispiel: In den Neunzigern wurde der Business-Pionier mit der Aufgabe kontaktiert, die Organisation eines Massivbauhaus-Anbieters im Franchisesystem zu durchleuchten und konstruktive Verbesserungen vorzuschlagen. Durch die Durchführung mehrerer Maßnahmen und eine systematische Umsetzung seines Clienting-Ansatzes, von innen und nach außen, wuchs der Massivbauhaus-Anbieter in den Folgejahren überproportional. Edgar Geffroy schlug dem Unternehmen vor: Gemeinsam ein TÜV für Bauen ins Leben zu rufen, um die Sicherheit für Bauherren zu erhöhen.

Edgar K. Geffroy ist anders, weil er für Sie Verkaufslücken findet, an die Ihre Konkurrenz meistens gar nicht denkt! Gut für Sie!

Wie kein Zweiter gehört Edgar K. Geffroy in der Wirtschaft zu einem Andersdenker-Typen, der für Unternehmen permanent nach Verkaufslücken sucht und sie auch findet.

Erste Verkaufslücke:
Das 7xKontaktsystem zur Neukundengewinnung

In den Neunzigern entdeckte Edgar K. Geffroy als einer der Ersten, dass Unternehmen deutlich mehr Kunden gewinnen können, indem sie ein systematisches 7xKontaktsystem zum Neukunden aufbauen. Das 7xKontaktsystem basiert auf der Idee, dass sieben konkrete Schritte zum Kunden aufgebaut werden müssen, bis der Kunde schließlich kauft. Viele Konzerne wie Mercedes und Jaguar haben diese Verkaufslücke als eine der ersten Unternehmen umgesetzt. Mit deutlich höheren Kaufabschlüssen. Heute nennen die Amerikaner dieses System Drip-Marketing, das sich besonders im Internet als effektives Instrument zu Neukundengewinnung erweist.

Zweite Verkaufslücke:
Mehr Verkaufen an den digitalen Kunden

Lange Zeit waren Unternehmen verschiedener Branchen unsicher, ob das Internet als digitaler Marktplatz tatsächlich mehr Umsatz einbringt. Auch hier erkannte der renommierte Business-Vordenker, dass es neben einfachen Online-Shops auch andere Verkaufslücken gibt, die er nachweislich gefunden hat, die sich als lukrative Einkommensquelle erweisen. Auch kleine Unternehmen können damit weitaus ihren Umsatz steigern.

Dritte Verkaufslücke:
Überproportionale Wachstumschancen mit dem individuellen Kunden

Das ist die neueste Geschäftsidee: Bereits in den Neunzigern hatte Edgar K. Geffroy die Human-Economy vorausgesagt, in der der einzelne (!) Mensch im Mittelpunkt unternehmerischen Handelns stehen wird. Wie vorausgesagt ist der einzelne Kunde heute mächtiger als je zuvor, er ist zu einer Macht geworden. Und er ist längst auf Augenhöhe mit den Unternehmen. Für ihn ist das Internet wie Strom. Ganz normal.

Marktteilnehmer, die jetzt eine Stufe weitergehen und ihren Kunden individuelle Lösungen präsentieren, können ihren Umsatz in klassisch gesättigten Märkten steigern. Die ersten Firmenbeispiele berichten bereits von Umsatzsteigerungen um mindestens 30 Prozent. Auch hier nutzen die First Mover eine neue Verkaufslücke, die in diesem Jahrzehnt erst ganz am Anfang steht und das 21. Jahrhundert dominieren wird. Der individuelle Kunde wird neue Angebote fordern.

Ein Andersdenker für innovative Kunden- und Verkaufslösungen

Edgar K. Geffroy steht für innovative Kundenstrategien. Neben der strategischen Beratung liegt die Kernkompetenz seines Teams in der Umsetzung von innovativen Verkaufslösungen, die Sie vom Wettbewerb deutlich sichtbar abheben. Verkaufslösungen, die Sie in der Kundenwahrnehmung unverwechselbar machen. Individuelle Web-Lösungen, Mobile-Lösungen und iVideo-Konzepte sind die Basis für Ihren Erfolg von morgen, prognostiziert der preisgekrönte Business-Vordenker.

Warum sollten Sie mit Edgar K. Geffroy zusammenarbeiten?

Weil es keinen Zweiten gibt, der so konsequent und mit schnellem Gespür erkennt, wie Ihr Unternehmen überproportional wächst.

Rufen Sie noch heute an und erfahren Sie, wie Sie Ihr Unternehmen erfolgreicher machen!

Sofort-Kontakt: +49 211 40 80 97 0

Informationen zu unseren Verkaufslösungen, Vorträgen, Seminaren und persönlichen Coachings finden Sie unter:

www.geffroy.com

Besuchen Sie unseren Blog unter:
www.geffroy.com/blog

Abonnieren Sie unseren iTunes Podcast

Kontakt

Geffroy GmbH
Großenbaumer Weg 5
40472 Düsseldorf

Tel: + 49 (0) 211 40 80 97 - 0
Fax: + 49 (0) 211 40 80 97 - 26
Email: team@geffroy.com
Web: www.geffroy.com

Buch-Empfehlung

Edgar K. Geffroy zeigt im „Business Überflieger im Internet", wie Unternehmen das Web für Ihren Geschäftserfolg nutzen können. Dabei sensibilisiert der Autor seine Leser, das Internet vielmehr mit den Augen des Kunden zu betrachten. Ein Beispiel: Häufig sichert man nur die Domains, die man selbst für wichtig hält. Doch die Mehrheit macht den Fehler, dass sie nicht die Keywords und Domains besetzt, die die Kunden tatsächlich bei Google eintippen. „Business Überflieger im Internet" bietet Ihnen konkrete Lösungen, die sich einfach umsetzen lassen. „Für rund 90 Prozent der Unternehmen stellt das Web die größte Verkaufslücke dar", so Edgar K. Geffroy.

Diese Ausgabe ist mehr als ein Buch: Dieses Video-Book ist eine Eintrittskarte in die neue Welt der Weiterbildung. Eingebettete Videos (QR-Codes) ergänzen und vertiefen den Text. Erfahren Sie außerdem durch den Geffroy iCheck, wie Sie in 7 einfachen Schritten die größte Verkaufslücke nutzen und auf die Titelseite von Google gelangen können. Als Bonus dieser Ausgabe erhalten Sie zudem eine Live-DVD mit allen Videos des Buches sowie den Live-Vortrag „Business Überflieger im Internet – Kunden kaufen heute anders" von Edgar K. Geffroy. Professionell gefilmt wurde der Live-Vortrag an der renommierten ETH in Zürich.

Business Überflieger im Internet ist außerdem als E-Book und als multimediales iVideo-Book im Apple iBookstore erhältlich.

Firmenregister

G

H

I

J

O

Online Travel Agencies (OTA) 112

P

Parship 127

Pillow Factory 162

Porsche 90, 106 f.

Pinterest 28

Procter & Gamble 43

Q

Qkies 129

R

Red Bull 87 f.

REICO Vital-Systeme 165 f.

S

Saturn 118